JN258823

新訂版

コケに誘われコケ入門

みずみずしいコケたちに元気をもらう。

地球上のあらゆる場所に生育し、暑さにも寒さにも乾燥にも負けず、健気に力強く生きるコケ。互いに寄り添って生活し、ミクロの世界に大きな森をつくるコケ。小さくて目立たない存在だけれど、小さな体には、たくさんの魅力が詰まっている。

アオモリサナダゴケ。葉のつき方が「真田紐」に似ているセン類。青森という御当地名をもつものの、分布は全国的。河井大輔・写真

生きもの好きの自然ガイド

このは No.7

もくじ

参考資料(p.10～12、14～17、78～79)
●『コケのふしぎ』(ソフトバンククリエイティブ)
●『コケの手帳』(研成社)
●『苔の話～小さな植物の知られざる生態』(中公新書)
●『苔とあるく』(WAVE出版)
●『コケはともだち』(リトルモア)
●『こけティッシュ 苔ワールド!～ミクロの森に魅せられて』(ミュージアムパーク茨城県自然博物館)
●『校庭のコケ』(全国農村教育協会)
●『知りたい 会いたい 特徴がよくわかる コケ図鑑』(家の光協会)

※コケという言葉を使う場合、シダ類、地衣類、藻類、菌類、小さな種子植物などを含むことがあるが、本書では植物分類学上の蘚苔類のことを指す。

コケがある景色

河井大輔・文と写真

小さな薄い葉の一枚一枚は、
どれも透明感にあふれているというのに
集まれば生命の根源を封じ込めたような
ういういしい緑の輝き。
岩が望み、樹が望み、
はるかな水の流れが望んだ、
それはつつましくも偉大なる緑の衣装。

渓流の水際で繁茂するオオバチョウチンゴケ。その名の通り、まるで木の葉のミニチュアのような大きな葉っぱだ

セイタカスギゴケとその胞子体。円柱状の蒴には白い微毛が密生していて、帽子をかぶった小人のイメージがある

すらりと背を高く伸ばすジャゴケの胞子体。葉状体はまさに「蛇皮」を想わせるが、胞子体は小型のきのこそのもの

コダマゴケ（タチヒダゴケ）は樹幹や枝上にこんもりとした姿で着生。葉の間から飛び出した頭がかわいらしい

ずらりと樹幹に居並んだナガミチョウチンゴケの胞子体。「コケの花」というよりは、なにかもっと別の生き物の集合体のようにも見える

遊歩道の両側がいつの間にかコツボゴケの群落に飾られて「苔の小径」となっていた。苔庭のような風情がある

まるい林檎のような蒴をつけるタマゴケは、その全体もしばしば見事な玉状となる。まさしく天然の「苔玉」だ

フジハイゴケの群落に包まれた小さな橋の欄干。やわらかな弾力に満ちた、ふかふかマット。じつに素敵な手ざわりである

清冽(せいれつ)な奔流(ほんりゅう)を受け止めるタニゴケ、アオハイゴケ、ミズシダゴケなど水辺のコケたちの競演。コケのある風景はすばらしい

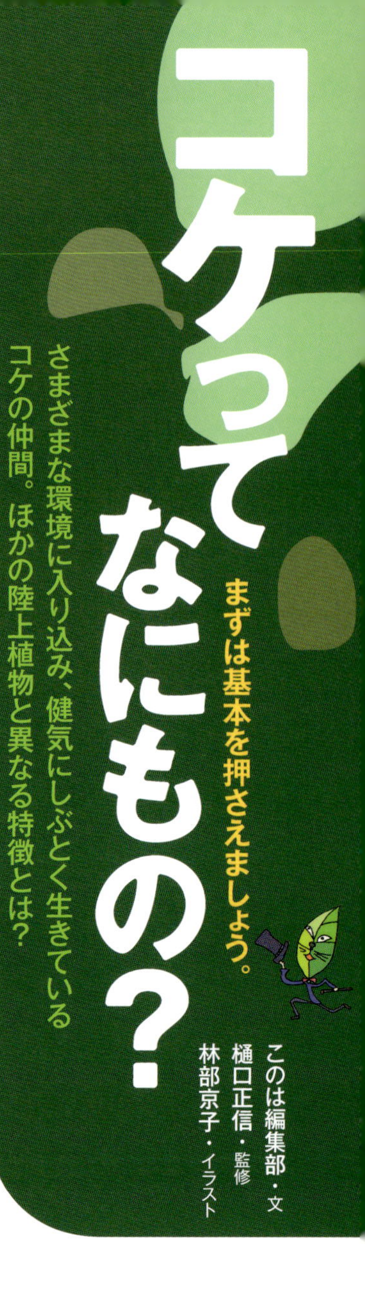

コケってなにもの？

まずは基本を押さえましょう。

さまざまな環境に入り込み、健気にしぶとく生きているコケの仲間。ほかの陸上植物と異なる特徴とは？

このは編集部・文
樋口正信・監修
林部京子・イラスト

“コケ（苔）”と聞いて、どんな生き物を想像するだろう？　緑色のふわふわ、もこもこしたもの。自然豊かな湿度の高い森、神社、街中のコンクリート塀、マンホールのすき間など、さまざまな場所で見られる健気な植物。コケは小さくはかない存在だけれど、しぶとく、力強く、つつましく生きている。

コケの仲間は、その存在は知られていても、じっくりと目を向けられることは少ないように思う。しかし、高山から海岸、熱帯林から極地、池や湖沼など、世界中のあらゆる場所を生活の場としている。

分類学では「コケ植物」「コケ類」「蘚苔類」と呼ばれ、世界に約1万8000種、日本にも1800種以上が知られているのだ。

コケは原始的な陸上植物

コケが原始的な陸上植物といわれる理由の1つは、根と維管束をもたないことにある。陸上植物の共通の祖先は、一生を水中で過ごす藻類の仲間であると考えられている。水中に比べて圧倒的に乾燥している陸上で生活するためには、地面から水を吸い上げるための根と、体の隅々まで水分を行き渡らせる維管束が必要不可欠だ。根も維管束もないコケは、仮根と呼ばれる地面に体を固定するための器官をもつ。また、水分は体の表面から吸収することができるが、ほかの陸上植物と違って乾燥を防ぐ仕組みはない。

シダ植物と種子植物がもつ維管束は、水や養分の通り道になるだけでなく、植物体を支えるという大きな役割をもつ。維管束をもたないコケの仲間は、互いに寄り添うことで体を支え合い、乾燥しないようにしている。また、密集することによって茎と茎の間に空気の層が作られ、そこに雨露を貯めたり、細かい砂やホコリを捕らえて土壌を作ることができる。このようなコケの生き方に、人は魅せられる。

基本のまとめ

コケは、

❶光合成を行う。
❷胞子で増える。
❸維管束をもたない。
❹根をもたない（地面に体を固定する仮根をもつ）。
❺海水のなかには生えない。

コケとほかの植物の違い

典型的な緑色となる栄養体をもつ緑色植物には、緑藻、コケ、シダ、種子植物が含まれる。そのうちのコケとシダ、種子植物は陸上植物であり、シダと種子植物は維管束植物と呼ばれる。

地衣類
菌糸でできた体のなかに藻類を住まわせ、藻類の光合成産物を栄養とする共生生物。種名に「コケ」とつくものも多く、コケと間違われやすい。

菌類
体は菌糸と呼ばれる糸状の細胞からなり、葉緑体をもたず（光合成は行わない）、ほかの生物に栄養を依存している（従属栄養という）。

コケを名乗るがコケじゃない!?

そもそも「コケ」という言葉には、「木毛」や「小毛」という漢字が当てられていた。漢字からもわかるように、地面や木の幹から生える毛のような生き物をコケと呼んだため、シダ植物や地衣類、藻類、菌類、小さな種子植物のなかにも、名前にコケとつくものがいる。いずれもコケっぽい雰囲気をもち、名前も含めてコケ植物と間違われやすい存在だ。

ヒロハツメゴケ（地衣類）
林床の倒木やコケの上などに生え、裂片の先端に爪状の生殖器官をつける。樋口正信・写真

ハタケチャダイゴケ（菌類）
0.5～1cmほどの小さなきのこ。カップ状の構造がゼニゴケの杯状体を彷彿とさせる。鵜沢美穂子・写真

ツメクサ（種子植物）
道ばたにごく普通に見られる一年生植物で、小さくとがった葉がコケに似る。花期は4～7月。

クラマゴケ（シダ植物）
常緑の多年草で、細い茎で地上を這い、そこに細かな葉がつく。鵜沢美穂子・写真

スミレモの仲間（緑藻）
岩や樹皮、板塀の上などに、橙色の薄い絨毯を敷いたように生育する。鵜沢美穂子・写真

種子植物
多くの人が「植物」と聞いてイメージするのが、花が咲き実ができる種子植物。胞子（配偶体）ではなく、受精後に発達した若い胚を種子という形で散布する。

シダ植物
体が緑色で光合成を行い、体のなかには水や栄養分を運ぶ維管束がある。花も実もなく、コケ同様に胞子で増える。

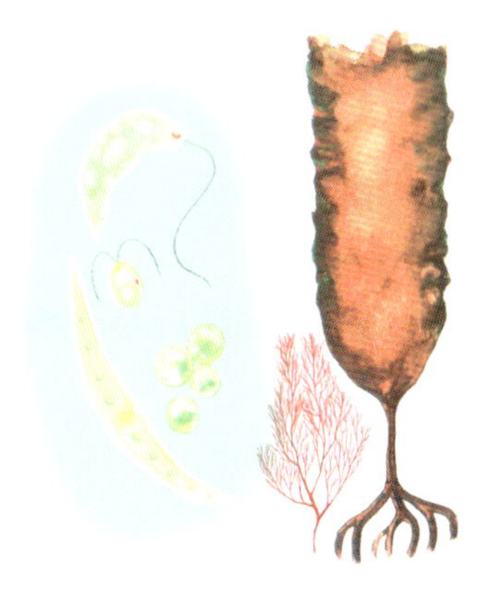

藻類（そうるい）
多くは水中で生活し、緑藻は陸上植物の祖先だと考えられている。陸上植物に共通した特徴である胚をもたない。

各パーツの名前と役割を知ろう。

コケの体のつくり

コケの仲間は、陸上植物のなかで最も簡単な体のつくりをしているため、原始的な植物といわれる。私たちがふだん見ているコケの体は配偶体で、配偶体は茎葉体と葉状体に分けられる。茎葉体は葉、茎、仮根からなり、葉状体は葉と茎の区別がなく、普通は腹面に仮根が生えている。

生育基物：コケがついているもののことで、種類によって地面、岩、木の幹など異なる生育基物に生えている。

※ゼニゴケは雌雄異株であるが、雌雄同株の種も多い。

世界最大のコケ ドウソニア

一般的にコケはとても小さな種が多いが、世界へ目を向けてみると、想像を超える大きさのコケも存在している。

鵜沢美穂子・文と写真

1994年版のギネスブックには「世界最大の生き物」が特集されている。そのなかで、最も背丈が高くなるコケ植物としてドウソニア・スペルバ *Dawsonia superba*（文献によっては *Dawsonia longifolia* と記載）が掲載されている。また、最も長く伸びるコケ植物としては、流水中で1メートルを超えるクロカワゴケ *Fontinalis antipyretica* が掲載されている。

コケ植物といえば「小さいもの」と思われがちだが、ドウソニアは地上からの高さが40〜60センチほどになる。ちょうど大きさも形もマツのなかまの若木にそっくりで、一見、とてもコケとは思えない。蒴もほかのコケ植物と比べると大きく、スイカのタネのような形をしている。

この巨大なコケ植物の住みかは、熱帯・亜熱帯地方の山地に発達する「雲霧林（うんむりん）」だ。コケ植物は全身から水を出し入れする上、水を高いところまで運ぶことができる「道管」がない。そのため、湿度がある程度保たれる地表近くで、なるべく背を低くして生きているのが普通だ。しかし、霧がよくかかり、常に湿度が高い雲霧林では、その制約が外れ、大型化する種が多く見られる。

ドウソニアの調査と展示用資料の採集のために、代表的な雲霧林のひとつ、マレーシアのキナバル山を訪れたことがある。森に一歩入ると、普通はコケ植物が生育できないような高い木の幹や葉の上などもびっしりとコケ植物で覆われ、むせかえるような緑に圧倒された。登山道沿いに目的のドウソニアを初めて見つけ、喜んで何十枚も写真を撮影した。

ところが、歩いて行くと何か所も見つかり、いちばん大きな群落では10メートル近くにわたって延々と雑草のようにドウソニアが生育していた。憧れのコケ植物だったのでたくさん見つかるのはうれしいのだが、見つかりすぎて少し拍子抜けしたことを覚えている。環境が合ってさえいれば、旺盛に生育することができるのだろう。

ドウソニアはマレーシアのほか、ニュージーランド、オーストラリア、フィリピンなどにも生育している。皆さんも世界最大のコケ植物に会いに、雲霧林に出かけてみませんか？

Dawsonia superba の展示の様子。地下茎も10〜20cmほどと長く、地上部と合わせると全長が80cm近くに達することもある

Dawsonia superba の雄花盤（雄の生殖器官）。*D. superba* は雌雄別株で、雄株の茎頂には花のような雄花盤ができる

Dawsonia superba の未熟な蒴（左）と成熟した蒴（右）。成熟するにつれてお辞儀をするように傾いてくる

キナバル山の登山道沿いに豊富に生育する *Dawsonia superba*

どれも同じように見えるって？

コケの分類

このは編集部・文
樋口正信・監修
林部京子・イラスト
鵜沢美穂子・写真

コケの仲間（蘚苔類）は、セン（蘚）類、タイ（苔）類、ツノゴケ類に分けられる。ここでは、3つのグループの特徴と、代表的な種類を紹介する。

いまだにわかっていないことが多い

ツノゴケ類

ゼニゴケの仲間（タイ類）に似た葉状体は緑色で、ロゼット状に広がる。体には藍藻（シアノバクテリア）が共生しており、原糸体は塊状であまり発達せず、1つの葉状体を生じる。

胞子体は蒴とくさび状の足からなり、寿命は長い。セン類、タイ類と違って蒴柄はない。細長い角状の蒴が特徴的で、蒴が上部から縦に2つに裂けて胞子が散布される。世界に約150種、日本には17種が知られる。

※ツノゴケ類については23ページも参照。

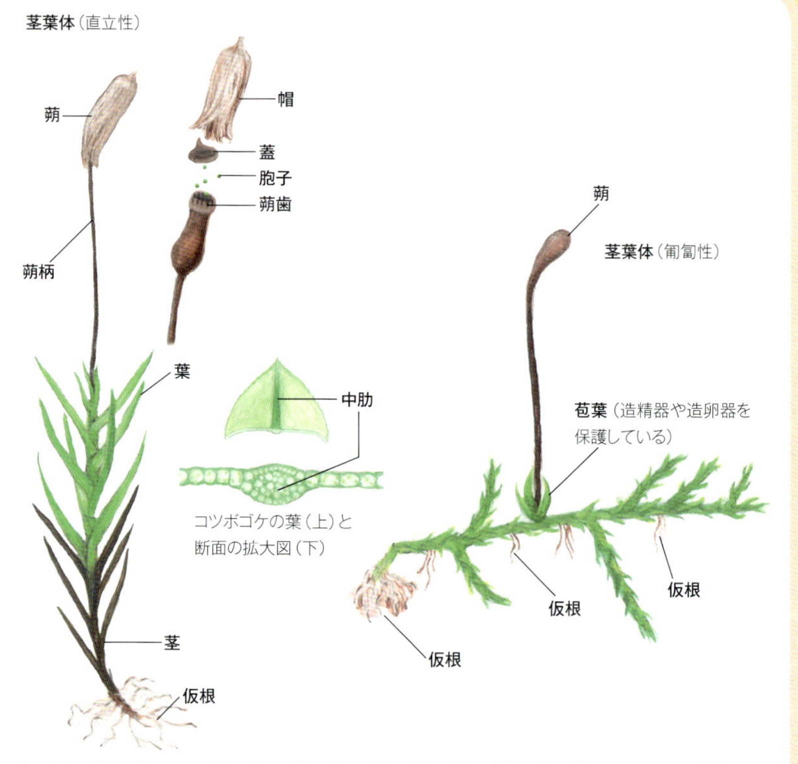

コスギゴケ　厚みのある葉をもち、葉は乾くと強く縮れる。蒴は白い毛で覆われた帽を被っている

ウロコミズゴケ　縦に伸びる茎から短い枝を多数出す。胞子体の柄のように見える部分は配偶体の組織である

コケ植物のなかで最も種数が多い

セン類

葉と茎の区別がはっきりしていて（茎葉体）、茎が立ち上がる直立性のものと、這って分枝する匍匐性のものがある。一部、例外もあるが、葉はらせん状に茎につき、つく位置で大きさや形が変わることはない。セン類の多くは葉に中肋（葉の中央部にある多層の細胞からなる部分で、1本と2本のものが多い）と呼ばれる脈がある。原糸体（16ページも参照）は糸状（またはリボン状）でよく発達し、複数の茎葉体を生じる。

胞子体は蒴、蒴柄、足からなり、寿命は長い。蒴の形はさまざま。蒴歯があり、蒴の上部の蓋が外れて胞子が散布される。世界に約1万3000種、日本には約1100種が知られる。

ニワツノゴケ　葉状体の縁は不規則に波打つ。角のような胞子体は縦に裂け、先端から少しずつ胞子を散布する

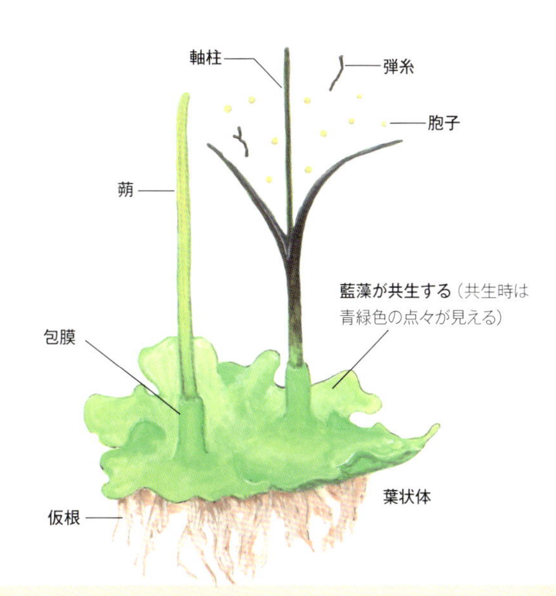

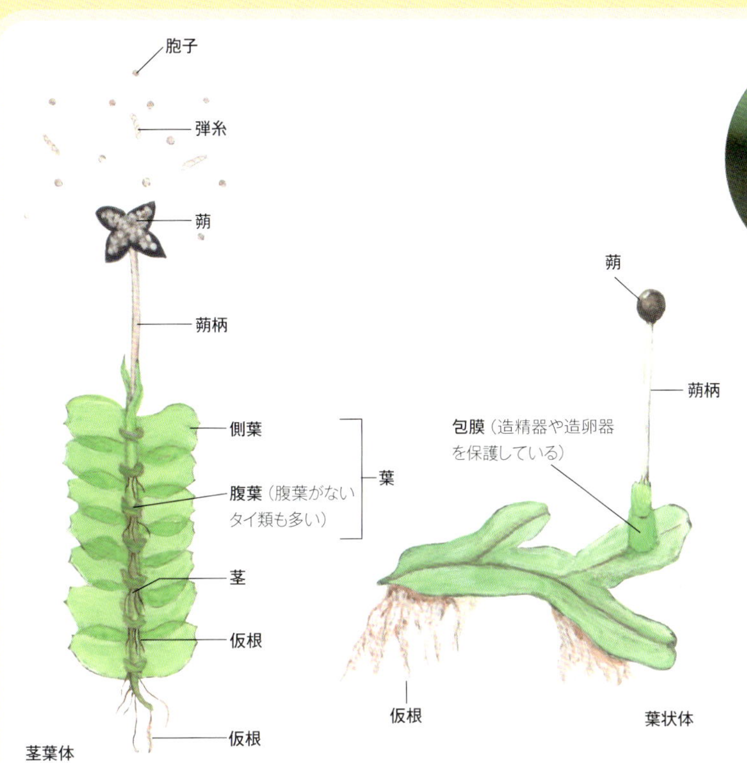

コハネゴケ　鋸歯をもつ小さな葉が茎に2列に並ぶ。蒴柄は非常に軟らかく、蒴は縦に4つに裂ける（丸枠内）

教科書にも載る ゼニゴケが代表

タイ類

茎と葉の区別がなく平べったいもの（葉状体）と、茎葉体がある。茎葉体の葉はらせん状に茎につき、背面2列、腹面1列に並ぶ規則性がある。葉の大きさや形は、茎につく場所によって異なる。原糸体は糸状または塊状であまり発達せず、1つの茎葉体または葉状体を生じる。

胞子体は蒴、蒴柄、足からなり、寿命は短い。蒴の形は球形または円筒形。蒴歯はなく、蒴が上部から縦に4つに裂けて胞子が散布される。世界に約5000種、日本には約600種が知られる。

ゼニゴケ　雌の配偶体はヤシの木のような雌器托を伸ばし、そこに胞子体をぶら下げる

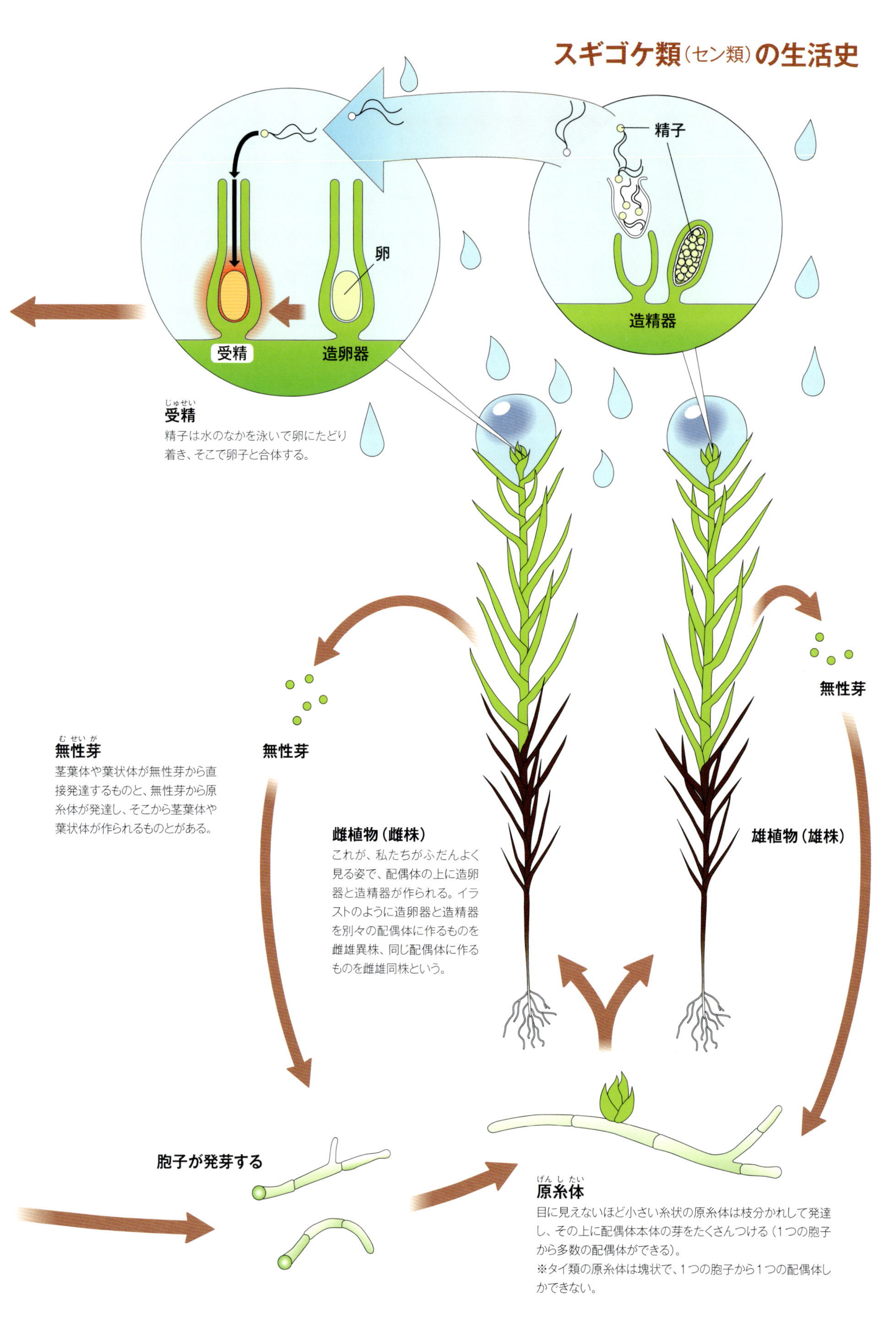

スギゴケ類（セン類）の生活史
精子
卵
受精
造卵器
造精器
受精
精子は水のなかを泳いで卵にたどり着き、そこで卵子と合体する。
無性芽
無性芽
茎葉体や葉状体が無性芽から直接発達するものと、無性芽から原糸体が発達し、そこから茎葉体や葉状体が作られるものとがある。
無性芽
雌植物（雌株）
これが、私たちがふだんよく見る姿で、配偶体の上に造卵器と造精器が作られる。イラストのように造卵器と造精器を別々の配偶体に作るものを雌雄異株、同じ配偶体に作るものを雌雄同株という。
雄植物（雄株）
胞子が発芽する
原糸体
目に見えないほど小さい糸状の原糸体は枝分かれして発達し、その上に配偶体本体の芽をたくさんつける（1つの胞子から多数の配偶体ができる）。
※タイ類の原糸体は塊状で、1つの胞子から1つの配偶体しかできない。

コケの生活史

ミクロの世界でくり広げられるコケの一生とは？

多くのコケ植物は多年生で、晩秋から冬にかけては乾燥に耐え、春先に芽吹き、梅雨の到来とともに受精をはじめる。

このは編集部・文
樋口正信・監修
林部京子・イラスト

※多年生とは、同じ個体が2年以上にわたって生存すること。また、季節によるコケの見た目の変化は、どの成長段階にあるかによる。

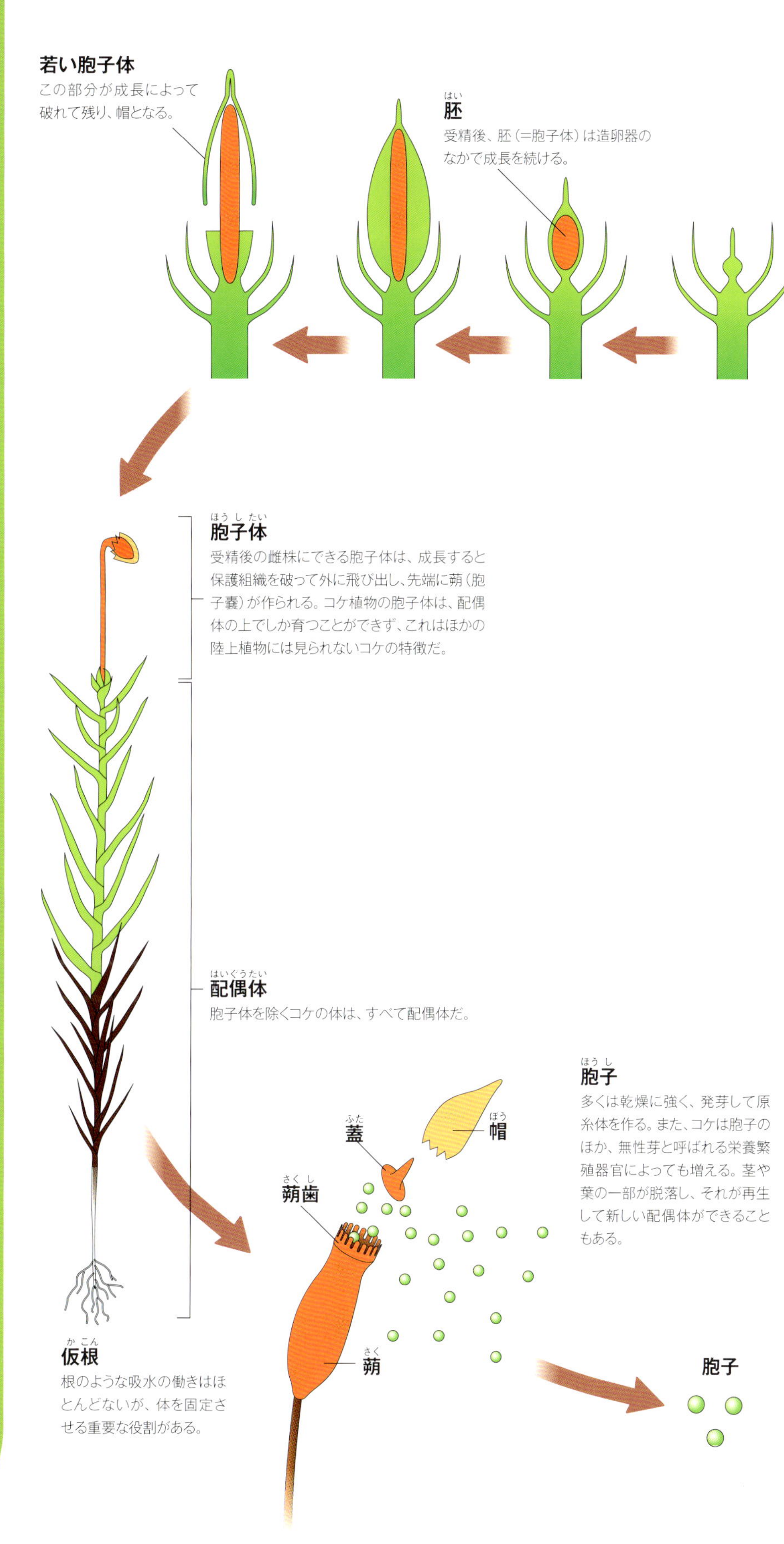

子孫を残すためのさまざまな工夫

鵜沢美穂子・写真

小さな足（仮根）で地面にしがみつき、その場でじっと暮らすコケ植物。彼らの遺伝情報が詰まった胞子は、子孫をつなぐための大切な子。新しい世界へ無事に旅立たせるため、コケは小さい体に種々の精巧な仕組みをもっている。

スジが入るタチヒダゴケの帽

胞子が入った蒴を守る。帽（ぼう）

若い胞子体を包んでいた保護組織が、胞子体の成長によって破れて残り帽となる。帽は、若い蒴を乾燥から守っている。種類によってその形はさまざまである。

丸い蒴の頭にちょこんと乗っているコツクシサワゴケの帽

毛で覆われたコスギゴケの帽

胞子をはじく小さなバネ。弾糸（だんし）

タイ類とツノゴケ類の蒴のなかには、胞子とともに弾糸と呼ばれる小さなバネのようなものが入っている。弾糸は、胞子が団子にならないようにかき混ぜたり、遠くへ弾き飛ばすといった働きがあると考えられる。

ホソバミズゼニゴケの蒴。糸状のものが弾糸で、緑色の粒が胞子

開閉するヒナノハイゴケの蒴歯。蒴歯の数や形は種類によって異なり、識別する際の目安となる。この植は編集部・写真

絶妙なタイミングで胞子を放出。蒴歯（さくし）

セン類のみがもつ器官で、蒴の開口部を縁取る歯状の突起のこと。乾湿によって開いたり閉じたりし、胞子の散布量と放出のタイミングを調節する役割を担っていると考えられている。

蒴歯は、木の幹や枝の上に生えるコケでは湿ったときに、乾燥した地面などに生えるコケでは乾燥したときに開くものが多い。蒴歯は何回か開閉をくり返すとぼろぼろになって壊れてしまうことが多く、その頃には胞子もほとんど残っておらず、蒴歯はその役目を静かに終えるのだ。

クローンでどんどん増えるぞ。

無性芽（むせいが）

無性芽は親の体の一部（茎の先、葉のつけ根や縁、葉状体の縁や表面）から生まれるため、元の植物と同じ遺伝子をもつことになる（クローン）。例えばゼニゴケの仲間では、葉状体の背面にあるカップ状の構造体に次々と鼓（つつみ）形の無性芽を作る。それらは雨水などに流されて広がり、それぞれが発芽して新しいゼニゴケとなる。また、コケの種類によっては、茎や葉などの一部がぽろりと取れて、そこから新しい個体ができることもある。

ハマキゴケの無性芽

ヒメジャゴケの無性芽

細い毛が伸びたミノゴケの帽

すそに切れ込みがあるヒナノハイゴケの帽

空飛ぶジャゴケの精子

雌雄異株のジャゴケは、離れている雌株（造卵器）に精子を届けるため、20cmほどの高さまで精子を吹き上げ、風に乗せて飛ばすことが知られる。写真はヒメジャゴケで、1/16秒分の写真を合成。（藤原英史・写真）

ナミシッポゴケの矮雄

体のほぼすべてが生殖器。

矮雄（わいゆう）

コケ植物によっては、雌株の体の上についている小さな雄株をつくるものがいる（これを矮雄という）。雄株の苞葉をめくるとバナナのような形の造精器が出てくる。矮雄は体のほとんどを造精器（生殖器官）が占めており、生殖だけに特化した形といえる。なお、胞子の段階で矮雄になることが決まっているものと、雌株から出る植物ホルモンによって、胞子が雌の上に落ちたときだけ矮雄になるものがいる。

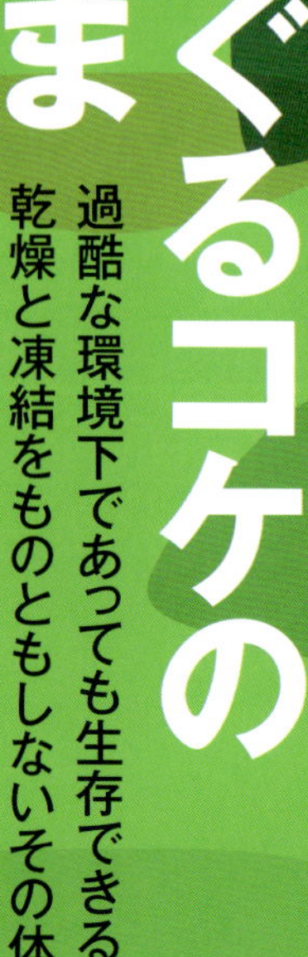

コケはどこにでも生えている。

水をめぐるコケの生きざま

過酷な環境下であっても生存できるコケ。乾燥と凍結をものともしないその体の仕組みとは?

伊村 智・文と写真

屋根の上にも、ギンゴケを中心としたコケの群落が見られる

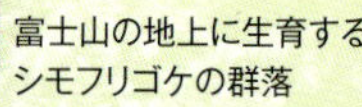

富士山の地上に生育する
シモフリゴケの群落

コケとは、知れば知るほど、一風変わった生物である。われわれが多くの生き物たちを観察して理解したと思っている生き物の知恵、いわゆる生存戦略という視点でコケを見るとき、どうもうまく当てはまらないことが多い。「コケは何を考えているのかよくわからない」。これは、コケの生態にかかわる人たちがよくもらす感想である。じつは、ここにこそ、コケたちの戦略が隠されているのではないだろうか。

ほかの植物との構造の違い

コケは、最初に陸に上がった植物とされる。彼らの体の仕組みを見てみると、水中生活の名残と思われる特徴が数多く見られることに気づく。まず植物体の根元、ひげ根のように見えるのは細胞が一列につながっただけの構造体で、仮根と呼ばれる。これには土や石などにしがみつく役目は果たしている

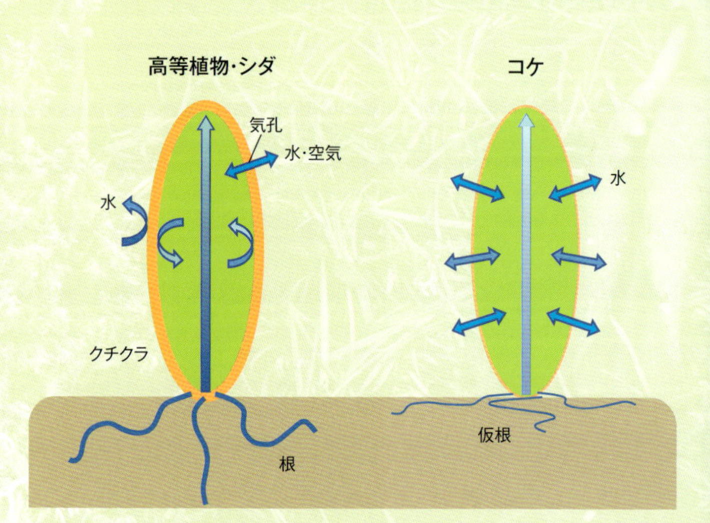

溶岩上のシモフリゴケ群落。ふだんはカラカラに乾いて白っぽい。ひとたび霧吹きで水を与えると、一気に吸収してフカフカになり、鮮やかな緑に変身!

ようだが、周囲から水を吸い集める力はない。次に、植物体の茎にあたる部分には、水を吸い上げるための道管のような仕組みはほとんど分化してない。さらには、体の表面に水の蒸発を防ぐための仕組み、分化した表皮や細胞外の防壁であるクチクラをほとんどもたない。また葉にあたる部分はほとんどが細胞1層の厚さしかなく、その両面で大気に接している。

　コケは乾きやすい地上に生えているくせに、仮根から水を集めることができず、茎にはそれを吸い上げる仕組みもなく、茎や葉の表面には水を保持する機能もないということになる。これでは乾燥して死んでしまうのを待つばかりでは？　まさに、「何を考えているのかわからない」という状況である。

　十分に陸上環境に適応しきっていない植物である、と考えれば納得もいくかもしれないが、だったらコケは水から離れることはできないはず。いつも湿っていたり、水を被るような立地だけに生えているはずである。確かに一般的なコケのイメージは、「じめじめした日陰者」だが、本当にそうだろうか。じつはコケは、むしろ樹木や草よりも乾いた環境に進出している植物群なのである。高山の草も生えない岩場にもコケはしっかり生えているし、噴火直後の冷え固まった溶岩流に最初に侵入するコケもある。都会の乾ききったブロックの隙間を埋めるのは、小さなコケたちだ。極めて乾燥し、植物が定着するには過酷すぎる環境であるはずなのに、真っ先にコケが侵入する。しかし、そこに見られるコケには水を集め、運び、保持する仕組みがない。これは大いなるパラドックスではないか？

耐えて耐えて……水を待つ

　じつはコケにはもう1つ、体の仕組みにヒミツがある。それは、体の表面にしっかりした表皮やクチクラがないため、乾燥しやすい反面、水を体表面全体から吸収できるということ。体表面から水が出て行くのを止めないかわりに、全身で一気に水を吸収することができるのである。これはまさに、水中生活をしていた頃の遺産であろう。去る水は追わず、入る水は拒まず。じつはこの水のやりとりの特徴に、コケの陸上環境への適応の鍵がある。体内の水をコントロールしないという生き方が、コケの生存、というより生残戦略を決めていると言える。

　すなわち、コケは極めて乾きやすい。簡単に水を失って植物体は萎れたように縮こまり、当然ながら光合成が停止して枯れたようになる。しかしこのとき、コケの細胞は水分を失ってはいるものの死んだわけではなく、休眠状態で待機しているのだ。そしてこの枯れたようなコケに水を与えれば、全身の細胞ひとつひとつでこれを吸収し、あっという間に生き返って葉を展開し、光合成活動を再開することができる。体内の水分量を一定に保つ仕組み、いわゆる「恒常性」には目もくれず、「変水性」に徹したという戦略こそが、コケの神髄である。

　このことが、コケが岩場やブロックなどの乾燥しやすい立地に進出できる理由である。雨の降ったと

スペイン、バルセロナの世界遺産、サグラダ・ファミリア教会の地上数十mの雨樋にも胞子体をつけたコケが見られた

きにしか水が得られないような場所で、日頃はカラカラに乾いて眠っていて、雨が降り始めるといっせいに水を吸い込んで葉を広げ、光合成を開始する。湿っている間に稼ぐだけ稼いでおいて、やがて水を失って休眠に入り、次の雨を待つ。

体の仕組みがしっかりした、いわゆる高等植物にはこの芸当はできない。かれらはがんばって給水し、保水するすぐれた能力をもっため、その限界までは効率よく稼いで生活していけるが、限界を超えると乾いて枯れてしまう。コケは最初からがんばらないので効率は悪いが、逆に限界がないのだ。これは優劣の問題ではない。生き方の違い、という表現がいちばんしっくりとくる気がする。

何となく、高等植物の生き方に日本のサラリーマンの姿が重なって見える。コケの生き方には、現代人の忘れてしまった夢があるような気がするのは私だけだろうか。

生き残れるのか? 乾燥と凍結

乾燥と凍結は、液体の水を失うという意味では同じ現象なので、コケは一般に凍結にも強い。だから北極や南極に向かっていくと、シダが消え、種子植物が消え、極寒の地まで進出している植物はコケだけである（ほかに地衣類もあるが、あれは菌類と藻類の共生体なのでここでは触れない）。

コケたちは、1年の大半を凍結して休眠状態で過ごし、雪解けとともに一気に水を吸い込んで光合成を開始する。夏でも夜には氷点下まで下がることも多いので、ときには1日のうちに何度も凍ったり溶けたりをくり返しながら、その環境に逆らうことなく、水が得られるときにだけ生き生きと緑の葉を広げるのだ。短い極地の夏の、さらに短い水のある期間だけ働いて、秋の訪れとともに眠りにつく。怠惰と言えば怠惰に聞こえなくもないが、なんとすばらしい生き方であろう。

ただ、じつは乾燥に最強であるはずのコケたちにも弱みがある。それは、塩分である。一般にコケは高塩分環境にはすこぶる弱く、海岸にはまったくといっていいほど生えていない。高塩分環境とは、体外の塩に水分を奪われる状況なのだから、これは乾燥と同義のはず。だったらここでも持ち前のしぶとさを見せてもいい気がするが、まったく対応できていない。これはなぜなのか?

おそらくコケは、地球上の生命の起源が海洋で進化した後、淡水に進出した藻類が陸に上がったものなのであろう。もともと塩水から袂を分かったグループだけに、もはや塩分には対応できないのかもしれない。この弱点さえなかったら、地上最強を堂々と名乗れたかもしれないのに。

不完全なコケ？ツノゴケ類

コケの仲間のうちでも、数が少なく、あまり知られていないツノゴケ類。ほかのコケとは一体どこが違うのだろうか？

有川智己・文と写真

セン類、タイ類、ツノゴケ類。本誌でもすでに説明されているように、コケ植物はこの3つのグループからなる。このことは、コケについて書かれた本などに必ずと言っていいほど出てくるので、ツノゴケという植物は、名前だけは割とよく知られている。しかし、「セン類」「タイ類」という漢語音読みの専門的な感じがする分類群名に比べると、「ツノゴケ類」は浮いてしまっている。

また、コケ植物のことを「蘚苔類（せんたいるい）」ともいう。セン類とタイ類、両方あわせて蘚苔類ということである。するとやはり、ツノゴケ類はどこへ、という疑問がよぎる。じつは、ツノゴケ類はかつて、タイ類のなかに含まれていた。実際、角状の独特な胞子体がついていないと、外見上はタイ類のケゼニゴケなどにそっくりである。戦前・戦中の図鑑や教科書では、ツノゴケ類はタイ類のなかに収まっていたが、1960年頃からはセン類やタイ類と対等に、独立して扱われることが普通になってきた。

ツノゴケ類の特異性が気づかれはじめたのは、植物の比較形態学・発生学の研究が精力的に進められた19世紀後半にまで遡る。1884年、フランスの植物学者F.Hyは、コケ植物をツノゴケ類とそれ以外に分け、前者を「不完全コケ類 Muscinées imparfaites」、後者を「真正コケ類 Vraies Muscinées」とするという、当時としては革命的な提案をしている。ツノゴケ類がタイ類のなかでも特異なグループであることはこの頃に認められたが、タイ類から完全に独立させることが広く認められるには、それから半世紀以上かかったわけである。

一体、ツノゴケ類のどこがそんなに特異的なのだろうか。まずはセン類ともタイ類ともまったく違う角状の胞子体。セン類とタイ類の胞子体には柄があり、胞子の入った袋が1つその先についているが、ツノゴケ類の角状胞子体には柄などなく、基部に分裂組織があって、胞子を作りながらも成長を続ける。胞子体の表面には孔辺細胞のある気孔があり、構造的に維管束植物と類縁があるともいわれている。外見はケゼニゴケなどに似ている葉状体も、よく見ると独特で、細胞1つに大きな葉緑体が1～数個しかなく、葉緑体にピレノイドという構造が見られるなど、ほかの陸上植物にはない、むしろ陸上植物の先祖の緑藻類に見られるような特徴をもっている。さらに、造卵器や造精器は葉状体の内部に埋もれて作られるし、精子の鞭毛（べんもう）の生え方や、受精卵の細胞分裂の方向など、細胞レベルの基本的なところも、セン類やタイ類とは異なっている。

コケ植物の先祖といわれる緑藻類に似ているところがあったり、逆に維管束植物に似ているところがあったりするので、ツノゴケ類は、セン類やタイ類とは起源が異なり、陸上植物の系統進化上重要な位置にあるとも考えられている。

ツノゴケ類は種数ではコケ植物のわずか1%程度でしかないのだが、ほかのコケとはまったく違う、特別なグループなのだ。

ニワツノゴケ（ツノゴケ科）

アナナシツノゴケ（ツノゴケ科）

ニワツノゴケの胞子体表面の気孔。唇のような2個の孔辺細胞の間に気孔が開いている

ニワツノゴケの細胞。ピレノイド（こぶのように見える）のある葉緑体が1つずつ入っている

流水中のハンデルソロイゴケの群落

水中から陸上へ。

コケの進化の話

コケが地上に適応した経緯をたどると、陸上植物の進化も見えてくる。

樋口正信・文と写真

コケはシダと種子植物とともに陸上の主要な植物群であり、これらをまとめて陸上植物と呼んでいる。陸上植物は系統的にまとまったグループで、その祖先は淡水生の緑藻であるシャジクモの仲間であろうと考えられている。彼らが陸上へ進出するために克服しなければならない条件はいくつもあったことは想像に難くない。しかし水中とのいちばんの違いは、陸上では乾燥にさらされ生命活動に不可欠の水を失いやすいことであり、陸上進出にはそれをいかに克服するかが最大の問題であったのだろう。

コケは乾燥するとただちに水分を失い萎(しお)れてしまうが、湿るとすぐに水分を吸収し元の状態に戻り、光や温度など適当な条件がそろえば光合成を開始する。つまり、コケの体を作っている細胞は乾燥しても死なず、休眠状態で過ごすことができるのである。このように周囲の乾湿により休眠と活動をくり返すことのできる性質を「変水性」と呼んでいる。おそらく、単純な体制をもった陸上植物の祖先はまずこの性質を細胞レベルで獲得し、陸上進出への第一歩としたのだろう。なお、現生の光合成生物では一部の藻類のほか、シアノバクテリアや地衣類なども変水性をもっている。

また、二酸化炭素と水を材料に光のエネルギーでデンプンと酸素を作る光合成の仕組みを考えると、二酸化炭素と光がふんだんにある陸上では、いかに水を得るかが生存の鍵である。コケは乾燥に耐えることはできるが、やはり成長には水が欠かせない。コケには仮根と呼ばれる、体を生育基物に付着させる糸状の構造があるが、根はない。では、コケはどのようにして水を得ているのだろうか。コケは雨や露などにより体全体から水を吸収している。ただ、体内の水分の蒸発を防ぐ仕組みはないため、周囲が乾燥すると次第に水分は失われていく。コケがじめじめしたところに生えていることが多いのは、水分を保持できない体の構造と深いかかわりがある。

一方、子孫を残すことは生物の最も重要な営みであるが、コケでは受精と胞子散布に独自の工夫が見られる。水中生活を行う藻類では雄性と雌性の生殖細胞は水を介して接合（受精）を行っている。陸上生活を行うコケにおいても、精子が卵に到達し受精するにはやはり水が不可欠である。生育基物の上を這う体制をもつコケは雨などにより水浸しになり、比較的容易に受精を行うことができる。しかし、直立する体制をもつコケは生殖器官が地上から離れた位置に作られるため、それらが水浸しになることはない。雄植物の先端では変形した葉によってカップ状の構造が作られ、雨水が貯まると中心にある造精器から精子が放出され、精子のプールができる。そこに雨滴が当たると精子を含んだ水が弾き飛ばされ、雌植物に到達して受精を行う。受精卵は細胞分裂をくり返し、個体発生の初期段階の胚を形成する。胚をもつことは陸上植物の共有派生形質である。シャジクモの仲間は接合後の最初の分裂が減数分裂のため、胚をもたない。胚が成長し、成熟すると減数分裂により胞子を作る。胞子は耐乾性をもち、風で運ばれるが、タイ類、セン類、ツノゴケ類で胞子散布の仕組みが異なっている。共通しているのは、できるだけ高い位置から放出されるように工夫されている点である。

周辺から乾燥するヒジキゴケの群落

セン類の仮根

ナンジャモンジャゴケ
〜タイ類かセン類か、はたまた別物か

ナンジャモンジャゴケは最初、タイ類として発表され、現在はセン類として分類されている前代未聞のコケである。本種はヒマラヤから北米西部まで高山や冷涼な地域に点々と隔離分布する種で、そのユニークな構造や分類学上の位置から注目されているが、日本で発見され、日本人研究者により発表されたので、日本を代表するコケのひとつでもある。その変わった名前は、発見当初、その正体が不明だったことに由来する。すなわち、生殖器官や胞子体という分類上の手がかりとなるべきものを欠いており、また、その配偶体の構造がこれまで知られていたコケとはとても変わっていたのである。例えば、タイ類の新種として発表された際、本種をもとに新属、新科、新目が提唱されたことからもいかに変わったコケであるかがわかる。なお、正体不明とされながらタイ類とされたのは、分枝の仕方や葉のつき方と仮根を欠くことなどで、タイ類のコマチゴケの仲間に似ているとされたからである。

発表後、世界の研究者が熱心にナンジャモンジャゴケの研究を進めた。研究者の関心を集めた理由として、正体不明ということが好奇心を駆り立てる原動力になったことがまず考えられる。また、ナンジャモンジャゴケに見られる形質が原始的特徴を示すと考えられ、本種を調べることでコケや陸上植物の起源を解く糸口になるのではないかと期待したことに他ならない。一例をあげれば、コケの造卵器は普通集合して形成され、体のなかに埋め込まれるか、苞葉や花被と呼ばれる特殊化した葉などにより保護されるが、ナンジャモンジャゴケでは造卵器は単独で茎の上に散在し、保護器官を欠いているのである。

その後、ナンジャモンジャゴケの仲間としてもう一種、ヒマラヤナンジャモンジャゴケが報告された。幸いなことに本種の雄の生殖器官と胞子体が発見され、驚くべきことにそれらの構造は、ナンジャモンジャゴケはタイ類ではなくセン類であることを示したのである。すなわち、①造精器の発生、②精子形成、③単色素体性の減数分裂、④蒴の伸長に伴い上下に裂け、蒴の上部に残る帽、⑤蒴柄伸長後に起こる蒴の形成、⑥胞子形成、⑦弾糸の欠如、⑧軸柱の存在、⑨先端がとがった足などである。胞子体に見られる最もユニークな特徴は、蒴がらせん状の裂け目にそって裂開する構造である。まだ結論には至っていないが、最近の分子系統解析の結果は、ナンジャモンジャゴケがセン類の初期に分かれたグループであることを示している。

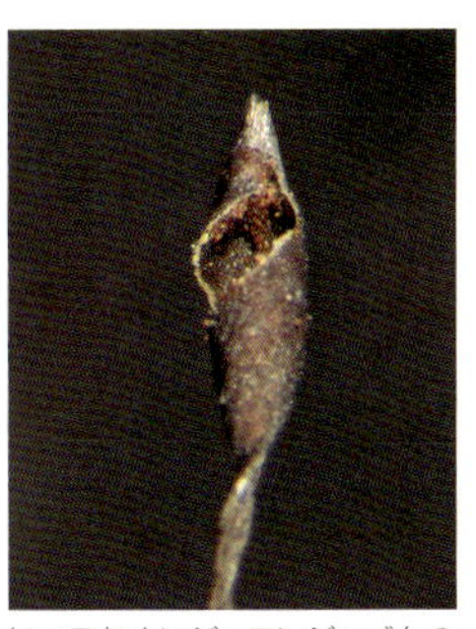
ヒマラヤナンジャモンジャゴケの蒴。胞子散布のために裂開した

ナンジャモンジャゴケ

近づくことからはじめよう。

コケ観察のススメ

コケを見つけたら、ルーペで拡大して観察しよう。一見、平板に見えるコケも、複雑な姿をしていることに驚かされる。

藤井久子・文と写真
樋口正信・監修

コケはどこにでも生えているにもかかわらず、その小ささから気づかれないことがとても多い。コケ観察の第一歩は、まずは「コケと出会いたい!」と私たち人間側が強く思うこと。そう意識してから地面に視線を落とすだけで、不思議とコケが目に留まるようになる。

　コケを見つけたら、ルーペを使って接近してみよう。レンズの先には驚くべき異世界が広がっている。肉眼で見ると小さな群落も、ルーペを通して見るとまるで生い茂る森のようだ。一本一本のコケはその森を形成している大木に見えてくる。その景色たるや、こんな世界があったなんて!と息をのむほどの美しさ。たったルーペひとつで、瞬時に異世界を旅できること。これがコケ観察の面白さだ。

近づく

触る
ふかふかして気持ちいい。触ることでコケの茎や葉についた無性芽が辺りに飛び散り、栄養繁殖の手助けになることもある

もっと近づく

眺める
地面を覆う緑。漠然と「小さな植物」と思っている人も多いと思うが、コケである

ルーペで
拡大して見ることで細部までわかり、茎や葉の形から種名の判別ができる。このコケはハイゴケ

野外観察の7つ道具

1 かばん
筆者がいつも持ち歩いている手提げかばん。リュックに比べ必要なものがすぐ取り出せる。肩掛けかばんやウエストポーチでもOK

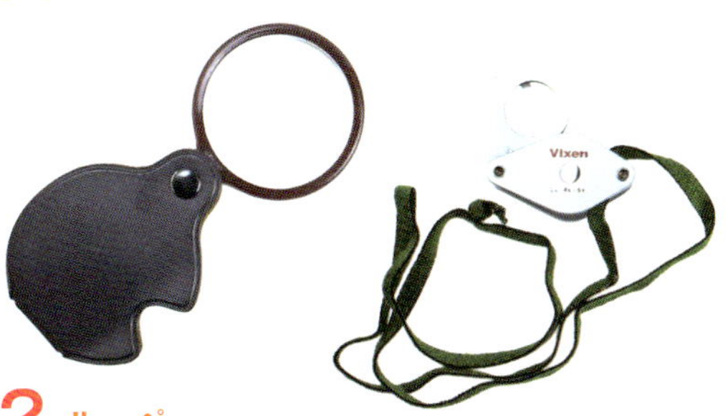

2 ルーペ
拡大率2～3倍のもの（左）と10～20倍のもの（右）、2種類あると便利。高倍率のルーペは紐をつけていつも首からぶら下げている

3 コンパクトデジカメ
コケのアップ写真が撮れるよう、必ず接写機能がついているものを。三脚もあるとさらによい

4 霧吹き
休眠中の乾いたコケに水を吹きかけて変化を見たいときに。100円ショップで売っている化粧水の詰め替え用ボトル（左）が持ち歩きに便利

5 図鑑
ハンディサイズのものを常時1～2冊、かばんに入れておこう

6 メモ&ペン
観察中に気づいたことはその場ですぐにメモを取る。ペンは意外となくしやすいので、紐つきのものを首から下げて使用

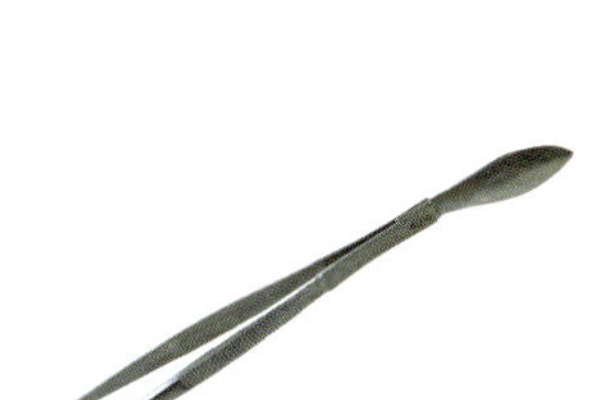

7 ピンセット
1本持っていると使える小道具。コケを1本だけつまみ取って観察したいときに活用している（写真のピンセットは頭にヘラがついてるもの）

道具そろえのポイント
コケ観察にまず必要なのはルーペのみ。そこから少しずつ道具をそろえてみるとよい。ルーペは低倍率のものも、高倍率のものも、いずれも大型文具店やインターネットで1,000円以下～数千円以内で購入できる。
このほか、もんじゃ焼きのヘラ（岩上のコケを採取するのに便利。100円ショップで購入）、ハンドライト、セロテープ、採集袋なども便利なアイテム。また、夏場は帽子や虫除けグッズなども持参する。

観察方法

ルーペの基本的な使い方

ルーペを眼鏡をかけるようにしっかりと目にくっつけ、その
ままコケに近づいていく。ピントの合ったところで止まる

ルーペをコケに近づけ、顔は離して観察する。初心者向け

霧吹きを使ってみる

しかし、霧吹きで水を吹きかけると、巻いていた葉が開き、
みるみる鮮やかな緑色が戻る

コンクリート塀のハマキゴケ（葉巻苔）。名前のとおり、乾燥
すると葉が内側に巻き、茶色くなってまるで枯れたかのよう

観察のポイント

晴れた日のコケは乾燥してちりちりの姿になっていることが多い。しかし、黒く縮んだ株に霧吹きをシュッとかければ、乾燥した葉がみるみる潤い、ピンと伸びる姿を観察できる。このため、じつは晴れた日のほうがコケのさまざまな特徴や姿を捉えるのに適している。

記録いろいろ

カメラで記録

撮影したいコケを見つけたら、まずどう撮りたいかアングルを決める。アングルが決まってから三脚を取りつけて設置。より美しく撮りたいなら、ピンセットでコケについた枯葉やゴミを取り除くとよい。超ローアングルで撮りたい場合は、カメラを直接地面に固定する。また、俯瞰から狙う場合は、影の落ち方なども考えて撮ること。コケのアップを撮ったら周囲の環境も含めた引きの写真も忘れずに撮っておこう

壁面のコケを撮る場合

ノートに記録

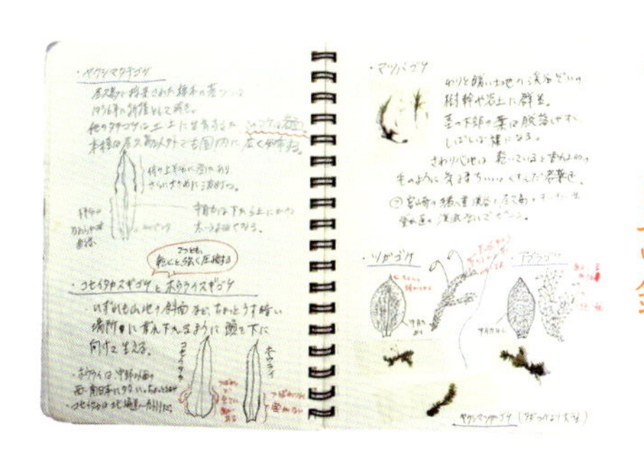

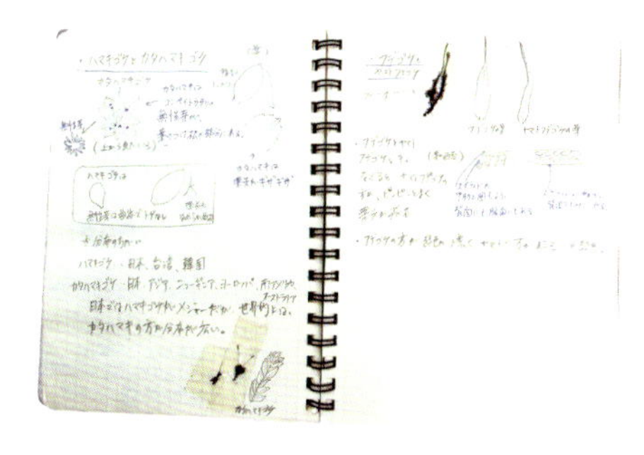

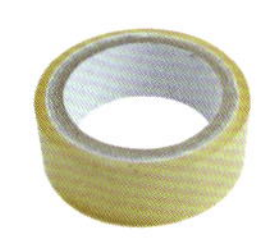

サンプルを貼りつけるためのテープ

メモのポイント

コケを観察していて自分なりに気づいたことをその場でメモする。その際に、ルーペで見た様子を絵に描いておくと、のちのち見直したときにわかりやすい。ほかに、年月日・生育場所・生育基物（土か岩か樹木か）・日当たりなどもメモしておくとよい。筆者の場合、採取していい場所なら1～2個体を採り、セロハンテープで貼りつけている。

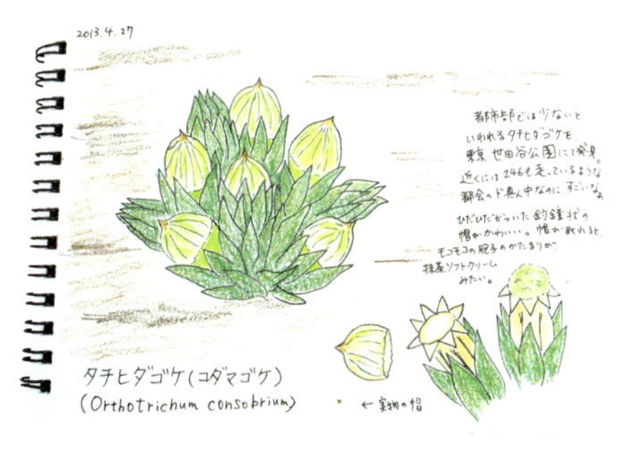

筆者は時々カメラで撮った写真をもとに、そのときの発見や感動をスケッチと文字で残している。絵が苦手じゃなければおすすめ

夢中になる！「コケ見」案内

庭や近所、公園、野山、果ては南極まで。
いろいろな場所に生えているコケを見に行こう！

コケは世界に約18,000種、日本だけでも約1,800種も存在し、とても種類が豊富だ。あらゆる環境下でその場所に適したコケが生えるので、行った先々で違ったコケと出会える楽しみがある（ただし海のなかだけは生えない）。

コケ観察、もしくはそこまで本格的ではないぶらっと散歩がてらに楽しむコケ散歩も含めた「コケ見」は季節を問わず行えるが、とりわけ春先は、新しい茎葉が伸びて新緑が美しい季節。さらに多くのコケ植物が胞子体を伸ばすので、この時季ならではのコケの姿にも出会える。一年の中でもとくにコケ好きたちの胸が躍る「コケ見」のベストシーズンだ。

近所のコケにご挨拶
～街中編

藤井久子・文と写真

わざわざ遠くに出かけなくても、なにげない身の周りにもコケはたくさん生えている。通勤路、庭先、路地など、まずはご近所のコケ見をしてみよう。近所だと何度も通えるので定点観察しやすいのも利点だ。

道端にある隙間や穴はコケたちの絶好の居住地。
なんだかアート作品のよう

日当たりのいいアスファルトの上にはハリガネゴケの仲間が陣取っている

民家の塀や、ブロック塀などの前を通りがかったら要チェック。
必ずといっていいほどコケがいる

鉢植えの植物の葉が落ちている時季は、コケたちの天下。
精力的に群落を広げている

排水口の周りを見てみると……。町内のどこに水が多いのか、コケたちは知っている

踏まれても、どっこい今日も
元気に生きてます!

ポイント

時間帯

午前中が最適。朝露でコケが潤っているし、
光も斜めに入るので撮影しやすい。

天気

快晴よりもじつは曇りがオススメ。
また、雨上がりもコケが美しい。夏の炎天下は避ける。

服装

基本は動きやすく汚れてもよい服装・靴で。観察は膝をつくことが多いので長ズボン、また日除け、虫除けのために上半身も長袖のほうがよい。

その他

私有地に無断で立ち入り、コケを見たり採ったりは決してしないこと。一人でじっとうずくまっていると通行人に怪しまれることもあるので注意。

日陰がちな場所にはゼニゴケがいる。蒴つき!

身近な自然探し
～公園・社寺編

藤井久子・文と写真

ご近所からちょっと足を伸ばして緑の多い場所へ出かけてみよう。特に鎌倉や京都など社寺が多い地域は苔庭も多く、交通の便も良いので、おすすめだ。ただし、日中の観光地は混み合うので、できるだけ早い時間から出かけたほうがよい。

※ポイントは「街中編」（p.30～31）同様

京都の東福寺。古都の社寺はコケが豊富な苔庭が多い

鎌倉の杉本寺。コケむす階段。

コケ群落のなかにはきのこ・ヒナノガサが

神社やお寺の境内。
ここにもあそこにもコケが……

緑豊かな公園もおすすめ。逆に都市の整備された公園の場合、
コケがゴミとして取り除かれていることが多い

境内に銅ぶきの建物や灯籠、仏像があったらご注目。
そばにはホンモンジゴケが生えているかも

野山を散策
～里地・里山編

藤井久子・文と写真

里地や山に出かければ、図鑑でしか見たことないようなレアなコケと出会えるかもしれない。コケは標高の高い所にも生育しているが、麓付近のほうが種類も量も豊富。コケ見が目的なら登頂する気で登らなくてもいいので、体力に自信がない人でも大丈夫。

山を歩くなら沢沿いのルートがおすすめ。ユニークなコケに出会えるかも。枝にはキヨスミイトゴケ（上）と葉っぱの上にはカビゴケ（下）

木が覆っていない日当たりのいい岩にも豊富にコケが生えている。エゾスナゴケの群落だ

田んぼや畑もコケのお気に入りの場所。畦にはツノゴケの仲間が見られる

ポイント

服装

山での服装は基本的に登山と同じ。リュック、食料、雨具、防寒具、地図は必須。足元も、濡れてもいいトレッキングシューズか長靴にする。

クマ注意!

クマが出没しそうな場所には二人以上で出かけたほうがよい。じっと無言でコケを見ていたら、クマが気づかずに近寄ってくることも……。

倒木のコケを見られるのが山のコケ見の楽しみのひとつ。風景としても美しい

八ヶ岳がいい！
～おすすめ高山編

樋口正信・文と写真

高山のコケを観察するならば八ヶ岳へ行こう。アクセスの良さとコケ群落の景観は随一。しかし、一歩踏み入ればそこは自然の真っただなか。服装や持ち物は日帰り登山ぐらいなものは必要だ（p.33ポイント参考）。各所に旺盛に生育する多くのコケを見ていると時間があっという間に過ぎてしまうので、余裕をもった計画を立てよう。

登山道沿いにはコケの大群落が見られる。大きな芝状の群落をつくるセイタカスギゴケは日本最大のスギゴケ（右上）。どういうわけか崖など垂直の面に生えるフウリンゴケもスギゴケの仲間（右）

ムツデチョウチンゴケ（右）は倒木上や腐植土上に生える大型のコケ。葉にしわがあり、別名はカシワバチョウチンゴケ。6本は珍しいが胞子体を複数つけるのでこの名がある

日当たりのいい岩上に黒っぽい円形の群落の正体はクロゴケ

樹幹上にふかふかの黄緑色の群落をつくるのはカギカモジゴケ

ポイント

アクセス抜群

国道299号で標高2,120mの麦草峠まで行けば、そこはコケの森。登山道周辺がコケの種類がいちばん多く見られる場所なので、道を外れて森の奥に入ってはいけない。

豊かなコケ

八ヶ岳では代表的な高山のコケが見られる。また、コケ群落の規模と美しさがすぐれており、日本蘚苔類学会により「日本の貴重なコケの森」に選定されている。

コメツガやシラビソなどの原生林。林床にはイワダレゴケなど日本の高山の代表的なコケが旺盛に生育している

極限ハイキング
～憧れ南極編

伊村 智・文と写真

観光で南極や北極を訪れたときは、コケにも注目してみよう。厳しい環境に耐えることのできるコケは、低温・凍結にも強く、ほかの植物は生えることができないような環境でも鮮やかな緑を見せる。南極大陸では、約30種のセン類と1種のタイ類が知られている。極限環境でもしぶとく生きるコケの姿こそ、極地観光の醍醐味だ。

ペンギンやアザラシ、オーロラに目を奪われないで！ 足下を見れば、ほら、そこにもコケが。南極半島では一面にコケが広がっている場所もある。南極は空気が清浄なため紫外線が強烈で、コケも茶色い色素を作って日傘効果を狙っていることも

極地特有のコケは意外に少なく、南極にも都会の代表選手であるギンゴケが生えている

雪解け水をたどると豊かなコケが生えている。そこにはクマムシや線虫も住みついて、ささやかな極地の生態系がある

日だまりのような岩場。ここではよく胞子体をつけたコケが見つかる

ペンギンを食べたトウゾクカモメの糞の周りには、みずみずしいコケたちが群がっていた

南極の淡水湖の氷の下には一年中液体の水があり、水生のコケが住みついていて、高さ80cmほどにもなる「コケ坊主」が見られることも

ポイント

極限環境とは？

植物にとって切実なのは、低温のため水が凍ってしまい、液体の水がないこと。つまり極地は砂漠同様、乾燥した土地なのだ。

雪解け水に頼って

とにかく極地は乾いているため、コケを見つけようと思えば雪解け水の流れる場所を探すと良い。

岩陰に注目

強い紫外線を避けて湿度の保たれる石の下や岩陰は、コケたちの格好の隠れ家だ。

コケの栄養分はどこから？

極地は動植物に乏しく、コケの育つ栄養分がほとんどない。動物の死体などの栄養が降ってくれば、いっせいにコケが芽吹くことも。

注意 極地の外来種

年間4万人もの観光客が訪れるようになった南極は、近年、外来種の侵入が大きな問題となっている。靴底や三脚の石突に付着していた土とともに、植物の種子やコケが持ち込まれ、なかには定着してしまうものも。南極半島では、すでに現地の植生を脅かしつつある草本もある。観光に行くのなら、日本のコケたちを連れて行かないように気をつけて。

※南極へは、毎年観光ツアーが催行されている。ほとんどは南米から船で南極半島に向かい、数か所で上陸も可能なツアーだ。最近は、南アフリカのケープタウンから飛行機で直接南極に上陸するツアーも始まった。でも、もっとじっくりコケを見たいのなら……日本南極地域観測隊に参加するのがおすすめだ。

コケの専門家が選んだコケがすごい場所!

日本全国コケめぐり

コケ好きなら、一度は足を運んでおきたい日本屈指のコケ名所が各地にある。コケがつくりだす幻想的な景観を満喫してみよう。

このは編集部・文

❶苔の洞門

北海道千歳市支寒内

樽前山の噴火によってできた回廊状の渓谷。函型の涸れ沢は2箇所に分かれ、沢の両岸の高さは10 mにもおよぶ。切り立った岩壁にはエビゴケをはじめ多様なコケ類が密な群落を形成し、美しい景観をつくっている。

❷然別(しかりべつ)湖周辺の風穴地帯と東雲(しののめ)湖

北海道河東郡鹿追町・上士幌町

広大な風穴地帯になっており、林床はミズゴケ類の厚いマットが覆っている。また、亜高山帯のセン類も豊富に見られ、タイ類ではハットリヤスデゴケトゲハヒシャクゴケ、アバラチアウロコゴケなどの稀産種も生育している。

❸奥入瀬(おいらせ)渓流流域

青森県十和田市
奥入瀬川の十和田湖から焼山区間

渓流中の石の上に多様な蘚苔類が生育する景観に代表されるように、倒木や橋の欄干、林床の朽木、樹幹、岩石上のほか、流水中の転石上まで満遍なくコケ植物群落が見られる。

※詳細は38ページを参照

❹獅子ヶ鼻(ししがはな)湿原

秋田県にかほ市象潟町中島台

水路や湧水池の底に水生のタイ類がクッション状に繁茂する。ハンデルソロイゴケやヒラウロコゴケの塊が直径1m以上になり「鳥海マリモ」と呼ばれる。ニセオオミズゴケなど4種のミズゴケ類、シモフリゴケなどが見られる。

❺月山弥陀ヶ原(がっさんみだがはら)湿原

山形県東田川郡庄内町

月山の北斜面、標高1,400～1,600 m のなだらかな台地に広がる弥陀ヶ原には大小多数の池塘がある。その池塘にはミズゴケ類の旺盛な生育が見られる。その景観は規模と美しさの点で非常にすぐれる。

❻イトヨの里泉が森公園

茨城県日立市水木町

近接する泉神社からの湧水を水源とする池や小川があり、その水中に絶滅危惧種（II類）のカワゴケの旺盛な生育が見られる。標高は約10mで、関東地方の低地として貴重なカワゴケ生育地である。

❼群馬県中之条町六合地区入山

群馬県中之条町六合地区入山

チャツボミゴケが分布する入山穴地獄の強酸性湧水ならびに酸性河川水はpH2.5～2.9で、国内最大のチャツボミゴケ群落が広がる。チャツボミゴケは水中または水辺に分布し、コケ植物のなかで最も高い耐酸性をもつ。

❽黒山三滝と越辺(おっぺ)川源流域

埼玉県入間郡越生町黒山

黒山はミドリホラゴケモドキの基準標本の産地で、南方系の蘚苔類が多く生育する。埼玉県内では最も暖地性蘚苔類が多い地域。北方系のヘリトリシッポゴケや希産種のミギワイクビゴケ、ヒロハチャイロホウオウゴケなども豊富である。

❾成東(なるとう)・東金(とうがね)食虫植物群落

千葉県山武市および東金市

オオカギイトゴケとモグリゴケの世界で唯一の生育地である。また、コモチミドリゼニゴケやミヤコノツチゴケなどの希少種が生育し、太平洋沿岸の低地の湿原や湿地に生育する蘚苔類にとって貴重な地域。

❿東京大学千葉演習林

千葉県鴨川市および君津市

演習林のある清澄山はキヨスミイトゴケの名前の由来となった場所。南方系のコケが数多く生育し、分布の北限種が多い。また、環境省選定・千葉県選定の絶滅危惧種が多く生育。特に当渓谷沿いの天然林は蘚苔類が多い。

※入林に際して事前に申請書を提出する必要がある

⓫乳房山(ちぶさやま)

東京都小笠原支庁小笠原村母島

林内の腐木上には小笠原固有のムニンシラガゴケの群落が見られる。樹幹には固有種を含む多くのクサリゴケ科やヤスデゴケ科の種が生育している。標高400 m を越えたあたりの雲霧帯には、絶滅危惧種も多数生息している。

⓬八ヶ岳白駒池(やつがたけしろこまいけ)周辺の原生林

長野県南佐久郡佐久穂町と小海町

白駒池周辺はコメツガやシラビソなどの亜高山性針葉樹林に覆われており、林床には繁茂したコケ群落が広がる。

日本の貴重なコケの森

日本蘚苔類学会が日本の貴重のコケ群落や景観の保護·保全を目的に選定した場所。①稀少種や絶滅危惧種が生育する。②コケ植物が景観的に重要な位置を占める。のいずれかを満たしていることが選定の条件。2017年7月現在、25か所もの場所が選定を受けている。日本蘚苔類学会のWebサイトでも確認することができる。

Web https://sites.google.com/view/kokegakkai/

⑬鳳来寺山表参道登り口一帯の樹林地域

愛知県新城市（旧鳳来町）

ヤマトハクチョウゴケをはじめ、コキジノオゴケ、コバノイクビゴケ、イバラゴケ、タチチョウチンゴケなどの希少種のセン類、生葉上にはタイ類の各種が見られる。渓流に沿った林内ではコケ植物が景観上重要な要素になっている。

⑯芦生演習林

京都府南丹市美山町芦生

近畿地方では最も山地自然林が残されている地域で、日本海側に分布する希少種や北方系の種が多数生育する。高低差の少ない歩きやすい道で、多くの蘚苔類が生育する景観を楽しむことができる。

※入林に際して事前に申請書を提出する必要がある

⑮京都市東山山麓

京都府京都市左京区浄土寺から北白川

都市部近郊としてはコケ植物が豊富で歴史的景観とともに固有の風景を形成している。南禅寺、法然院、銀閣寺などコケ庭の観賞価値が高い。アクセスが容易なので、苔に接する機会の少ない人でも間近に見ることができる。

⑭赤目四十八滝

三重県名張市赤目町長坂、宇陀郡曽爾村伊賀見

希少種が多数生育するというわけではないが、「日本の滝百選」や「森林浴の森百選」にも選ばれており、コケ植物が織りなす景観として優れている。

⑲羅生門ドリーネ

岡山県新見市草間

羅生門一帯は、石灰岩台地にできた巨大な石灰岩の天然橋などの特有の地形·気象環境をもち、セン類が128種、タイ類は39種が報告されている。レイシゴケやホソバツヤゴケなど絶滅危惧種のコケも多く生育する。

⑱大台ヶ原

奈良県吉野郡上北山村

多様な立地のもとにさまざまな蘚苔類の生育が見られ、希少種も多数生育している。台地状地域だけでも約350 種、山域全体では650種を超える蘚苔類を数える。

⑰船越山池ノ谷瑠璃寺境内·参道と「鬼の河原」周辺

兵庫県佐用町

参道沿いは懸垂性のハイヒモゴケ科のセン類が多く見られ、ヒロハシノブイトゴケなどの絶滅危惧種が生育している。風穴周辺は亜高山のような環境になっており、低地としては特異なコケ植物がいるので、多様な種類を観察できる。

㉒中津市深耶馬渓うつくし谷

大分県中津市深耶馬渓

耶馬日田英彦山国定公園の一角にあり，特別保護地区に指定されている。渓谷には針葉樹と広葉樹が混生する自然林が成立する。蘚苔類は種類，量共に豊富で大分県屈指の生育地であり、野口彰博士をはじめ多くの研究者の観察地とされてきた。

㉑古処山

福岡県嘉麻市

登山道沿いの石灰岩上にはキヌシッポゴケ属のセン類、オオハナシゴケ、ネジレゴケモドキ、ニセイシバイゴケ、セイナンヒラゴケ、クラマゴケモドキ属のタイ類などの好石灰岩性の蘚タイ類が生育している。山頂付近のツゲ林には懸垂性のセン類が豊富に生育している。

⑳横倉山

高知県高岡郡越知町

これまでに400種を超えるコケ植物が報告されている。クロコゴケが日本ではじめて報告されたほか、タイワントラノオゴケやキダチクジャクゴケなどの絶滅危惧種の生育が確認されている。

㉕西表島横断道

沖縄県八重山郡竹富町西表島

約30種の西表島固有種、西表島を分布の南限とする蘚苔類が豊富に生育する。環境省(2007)および沖縄県版(2006)レッドリストに掲載されている47種が生育し、学術的に非常に重要な地域。

㉔屋久島コケの森

鹿児島県屋久島町

希少種が多数生育するだけでなく、コケの景観が美しい。屋久島にはこれまでにも白谷雲水峡や小杉谷、あるいは花之江河湿地など著名な場所がいくつも知られているが、それ以上にコケ植物が豊富に生育する場所である。

※詳細は42ページを参照

㉓湯湾岳山頂部一帯と井之川岳

鹿児島県大島郡大和村·宇検村と徳之島町·天城町

島嶼山頂に特有な蘚苔林が発達しており、稀少種の多くが他の地域に比べて旺盛に生育する。奄美群島のコケ植物相を代表する、多くの貴重な蘚苔類植物を間近に観察することができる。

奥入瀬のコケ案内

コケがつくった渓谷の景色。

日本を代表する景勝地・奥入瀬。その美しい景観はコケあってのものだ。コケを見ながらゆっくり散策してみよう。

河井大輔・文と写真

青森と秋田県境に位置する十和田湖に端を発し、太平洋へと流れ込む奥入瀬川。奥入瀬渓流とは、その最上流域約14キロ区間に与えられた名称である。2013年には日本蘚苔類学会より「日本の貴重なコケの森」の指定を受けた。300種類以上のコケ植物が生育する奥入瀬は、知る人ぞ知るコケの聖地。高低差をほとんど感じない、たいへんゆるやかな勾配の遊歩道が整備されているため、体力レベルを問われることなく、だれでも気軽にコケの観賞に興じることができる。

源流である十和田湖が「天然のダム機能」を果たしていることにより、古来、この渓流の水量は四季を通じてほぼ安定した状態を保ってきた。氾濫が起こりにくいため流水中の岩や川岸の植生剥離が少なく、特に大きな支流の入り込まない中流域から上流域にかけてはアオハイゴケ、タニゴケ、ホソホウオウゴケ、オオバチョウチンゴケなどの着生が豊かである。水流の影響を直に受けない大きな岩の上にはコツボゴケ、トヤマシノブゴケ、エゾハイゴケなどが生育し、それらが長い年月をかけて培ったマットを母体に各種の樹木や草花、シダ類などが定着している。そのさまは天然の盆栽のようだ。

渓流沿いにはカツラ、トチノキ、サワグルミを主とする巨木の渓谷林が連続し、河成段丘上にはブナ林がパッチ状に分布している。これらの原生的な森がたおやかな流路をすっぽりと包み込み、文字通り「水と緑の回廊」を形成している。

樹幹にはオオギボウシゴケモドキ、エゾイトゴケ、エゾヒラゴケ、アツブサゴケ、オオクラマゴケモドキなどが着生し、基部にはアオモリサナダゴケ、ヤマトヒラゴケ、ネズミノオゴケなどが見られる。林床に点在する転石群にはエビゴケ、オオトラノオゴケ、オオシッポゴケ、ジャゴケ、マルバハネゴケなどが、また倒木や橋の欄干などにはクサゴケ、ミヤマリュウビゴケ、コラサゴケ、フジハイゴケ、ホンシノブゴケなどが基物を覆い尽くすように生育している。

そしてコケ（蘚苔類）のみならず、シダ類、地衣類、きのこ、冬虫夏草、変形菌など、ほかの隠花植物たちの顔ぶれも豊かだ。まさに北の国の「隠花帝国」である。

最近まで、コケの聖地としての奥入瀬がアピールされる機会はほとんどなかった。訪れる多くの人たちが、ただ早足に景色を見流していくだけなのは、きっと発信側がこの地の魅力をきちんと伝えきれていないからだろう。大きな自然は小さな自然が集まってできている。立ちどまるからこそ見えてくる、コケをはじめとした隠花植物観賞の愉しみ。それは奥入瀬の自然の「なりたち」や「しくみ」までをも教えてくれる。

隠花観賞という、このちょっと独特の自然観賞スタイルは、もしかすると旧来の観光のあり方に新風を吹き込んでくれるかもしれない。いま奥入瀬は「歩く」だけの景観観光地から「観る」をあじわう野外博物館（フィールドミュージアム）へのゆるやかな転換をめざそうとしている。

奥入瀬渓谷へのアクセス

- 飛行機では、青森空港から約50km、三沢空港から約45km。
- 新幹線は新青森駅から約50km、七戸十和田駅から約35km、八戸駅から約50km。

散策路
渓流
車道

- 駐車場は起点（焼山）終点（子ノ口）ほか黄瀬・石ケ戸休憩所・銚子大滝のみ
- WCは起点・終点ほか3ケ所のみ
- 自販機は起点・終点・石ケ戸休憩所のみ

十和田湖
至・十和田湖
至・八甲田山／青森市
至・十和田市
子ノ口
トイレ・駐車場
十和田湖遊覧船乗り場
銚子大滝
トイレ
この区間遊歩道通行止め（車道歩き区間）
3 白銀の流れ
雲井の滝
石ケ戸 2
石ケ戸休憩所
トイレ・駐車場
奥入瀬バイパス
黄瀬 1
奥入瀬渓流館
トイレ・駐車場
焼山
奥入瀬渓流ホテル

上流域（5km区間）
滝が連続し、瀑布街道とも呼ばれるエリア

中流域（5.5km区間）
渓流の様相を楽しめるエリア

下流域（3.5km区間）
森の様相を楽しめるエリア

奥入瀬はまさに水と緑の回廊である（中流域）

奥入瀬散策にあたっての注意

奥入瀬は天然記念物（天然保護区域）・特別名勝・国立公園特別保護地区に指定されているため、動植物の採取や損傷等はいっさい禁止されている。天然の自然公園なので落枝・倒木・崩落の危険性が常にあるほか、近年はツキノワグマの出没も増えつつあるので留意のこと。なお遊歩道は数か所で車道と合流する。幅員が狭いため通行車両には十分注意すること。特に下流域ではバイパス工事による大型車両の往来がはげしい。

マルバハネゴケ。奥入瀬を代表する茎葉体タイ類

タニゴケ。流水中の岩上でよく見られるセン類

エゾハイゴケ。倒木上や岩上に群落をつくるセン類

❶黄瀬（おうせ）

天然の苔庭のような景観を楽しめるブナ林の中のコース。観光客の姿はまばらで、岩や倒木、樹幹、林床や歩道際のコケをゆっくりと観察できる。トイレ前の駐車スペースから下流側へ500mほどを往復するとよい。段丘上なので渓流からはやや離れている。

ミヤマリュウビゴケ。岩上に厚いマットをつくるセン類

黄瀬ブナ林の天然苔庭。下流域を代表する景観。ササ類が少ない

苔岩付近の流れ。水際でオオバチョウチンゴケなどが観察できる

これぞ苔岩。四面の壁にそれぞれ違った種が優占している

クサゴケ。倒木上でよく見られるセン類

ミヤマシッポゴケ。苔岩の歩道側壁面を代表するセン類

❷石ヶ戸（いしげど）

休憩所から階段を下りて下流側へと進む。大きな苔岩から「三乱（さみだれ）の流れ」までの約700mほどの区間が観察適地。豊かなシダ群落のなかに苔むした岩や倒木が点在する「隠花帝国」さながらの景観を楽しむことができる。渓流へのアプローチも容易である。

NPO法人奥入瀬自然観光資源研究会(おいけん)

奥入瀬渓流を「天然の野外博物館」に見立て、その魅力と価値をアピールするための自然観光資源調査や、おもにコケやシダなど隠花植物の観賞をテーマにしたガイドツアーの催行および自然学校の開催等に取り組んでいる。
Ⓗhttps://www.oiken.org/

『奥入瀬渓流コケハンドブック』
神田啓史（監修）河井大輔（写真・文）
発行／NPO法人 奥入瀬自然観光資源研究会
B6変形判・96ページ
1,350円＋税
奥入瀬でコケ観賞を楽しもうという方におすすめの1冊。見分けやすい特徴的な種を中心に、遊歩道沿いで観察できる主要な55種類を紹介。ポケットに入る薄型のスリムタイプ。購入は下記ウェブページから通販にてどうぞ。
Ⓗhttps://www.oiken.org/

白波を立てて流れる急流を眼下に欄干のコケを観賞

❸白銀（しろがね）の流れ

トチノキ、カツラ、ドロノキの巨木が連なる原生的な森のもと、落ち着いたコケ観賞を満喫できる。標識から上流側の駐車帯までの約500mほどの区間が観察適地。遊歩道沿いの見事に苔むした橋、階段、欄干、そして岩壁など見どころが豊富だ。

エビゴケ。岩の壁面に見られるセン類

コケを食べる最古のガ

コケを食べる虫がいることをご存知だろうか？
かなり特殊な食性をもつその虫たちは、
コケと虫の進化の歴史を知る手がかりになる。

今田弓女・文と写真

絨毯のように美しく広がるコケに、食害の跡が見当たらないことを不思議に思ったことはないだろうか。実際、コケ食の動物は被子植物のそれに比べるとごく少ない。とはいえ、コケを食べる虫は、ガ類、甲虫、アブラムシやグンバイ類など多様である。コケを餌のレパートリーのひとつにしている広食者もいれば、特定の種のコケを専門に食べるものもいる。

最も初期に出現したガ類であるコバネガ科の幼虫の多くは、タイ類に依存した生活を送る。これはコバネガ科が現れたのは被子植物がまだ少なかった時代（約1億4000万年前あるいはそれ以前）であることを反映しているのかもしれない。コバネガの生活史にはまだ知られざる部分が多いが、日本列島の種ではよく調べられている。とりわけ日本に固有に生息する20種近くの幼虫はすべてジャゴケだけを食べて育つ。幼虫はジャゴケを食べながら非常にゆっくりと成長し、翌年の春、ジャゴケの仮根近くに繭を作って蛹化（ようか）する。初夏、ジャゴケの胞子体が伸びる頃になるとコバネガの成虫が現れ、ジャゴケに産卵し、2週間と経たずに姿を消す。日本固有のコバネガの生活環は、春のジャゴケの展葉に合わせるように巡っているのかもしれない。

コケ食のガ類は少ないものの、コバネガのほか、クルマアツバ亜科、シャクガの一部などで知られる。したがってガ類のなかでコケ食は独立に何度か進化したと考えられる。彼らがコケ食に至った経緯は定かではないが、コケ食者に近縁な系統には落ち葉や腐葉土、地衣類食など変わった食性をもつものが多いことから、コケ食のガ類は湿った林床環境にすむものから進化する傾向があるのではないかと想像している。

では、なぜコケ食の昆虫が少ないのだろうか。陸上植物のなかでもとくに起源が古いコケは、昆虫とほぼ同時期に出現したと考えられている。保存状態の良い最古のタイ類の葉状体化石（3億8800万年前）――その姿は現生のタイ類とほとんど変わらない――が近年発見され、それには当時のダニやヤスデらしき節足動物による、非常に多くの食痕があることが判明した。動物とほとんど関わることなく進化してきたと考えられていたコケだが、じつは出現した当初から節足動物の植食者と関わっていたことが発見されたのだ。

コケがこの世界に現れてから今日に至るまで、どのような変遷を辿り動物と関わってきたのか、コケを食べる虫はその問いに対する重要な手がかりを与えてくれる。

ジャゴケの上に止まるニッポンヒロコバネの成虫。京都府京都市

ジャゴケを食べる*Kukoropteryx dolichocerata*の幼虫。ジャゴケを食べるコバネガの幼虫の体表にはジャゴケの葉状体の表面に似た模様がある。愛知県設楽町

モンフタオビコバネの成虫。本種の生活史は不詳。コバネガの成虫は大顎をもつ。長野県茅野市

トサホラゴケモドキを食べるムモンコバネの幼虫。京都府京都市

ムモンコバネの卵。京都府京都市

屋久島のコケ案内

一生に一度は訪れたい。
たっぷりの雨に育まれる屋久島のコケは豊かだ。初心者でも訪れやすいポイントを厳選し、各所で見られるコケと見どころを紹介する。

田中美穂・文　小原比呂志・写真と協力
西村直樹・監修

「屋久島に行ったのがきっかけでコケが好きになりました」

こんな言葉を、いままで何人もの人から聞いてきた。もともとコケに興味があったわけではないのだけれど、例えば登山道でふと目にはいったコケの姿があまりにも美しくて、思わず目が釘づけになってしまった。「もののけ姫の森」というフレーズで知られる白谷雲水峡を歩いてみたら、目に映るもののほとんどが緑色に見えるほどのコケだらけの森だった。そんな体験を、じつにきらきらとした笑顔で話して聞かせてくれるのだ。

屋久島の森は、蘚苔林（モッシーフォレスト）と呼ばれるほど、世界中で最もコケが豊富な場所のひとつだ。理由は、豊富な雨量と亜熱帯に属する気候。くわえて、九州地方で最も標高の高い宮之浦岳がそびえたち、周囲わずか130キロほどの小さな島のなかで、低地～高地、すなわち亜熱帯～亜寒帯の植生が垂直分布で見られるという、特異な環境によるものだ。

日本に知られるコケはおよそ1800種。そのうちの600種以上が屋久島に生息しており、さらに16種がヤクシマの名を冠したものなのだ。また、そのような特種なものばかりではなく、例えばヤマトフデゴケなど、関東地方の市街地でもよく見られる種類もあるのだが、しかしさすが屋久島、それらひとつひとつがじつに大きく美しく伸びやかで、まるで別のコケと見まがうほど。それだけ、ここはコケの生育に適しているということだろう。

ここでは、散策や登山で訪れることの多い場所と、そこで見られる代表的なコケを紹介していく。もちろん、これら特定の場所ばかりではなく、コケは屋久島の森全体に見られるので、ぜひ、訪れた先々でその姿を楽しんでいただきたい。

日当たりのよい場所では赤くなるヤクシマゴケ

❸紀元杉周辺　散策

●アクセス
安房から車で55分（バス有）

●代表的なコケ
ヤマトフデゴケ
ヤクシマゴケ
ナガエノスナゴケ
オオミズゴケ

直接バスで行くことのできるなかでは、かなり（最も?）標高の高い場所（1,230m）。林道沿いの法面がコケだらけで面白い。日当たりのよい場所もあり、ヤクスギランド同様、多様な種のコケが見られる。

明るく湿度の高い場所の枝から下がるタカサゴサガリゴケ

❹淀川小屋周辺【特保】　登山

●アクセス
安房から登山口まで車で60分（紀元杉までバス有）。小屋まで徒歩50分

●代表的なコケ
キリシマゴケ
タカサゴサガリゴケ
ムチゴケ類
ヒムロゴケ
ホソベリミズゴケ

屋久島のなかで最も降水量の多い地域。標高1,380m付近になるため、コセイタカスギゴケなど高地に特有の種類が出現し、逆に低地のものが見られなくなる。樹幹や枝にも大きな塊で着生しているのも見どころ（採集は厳禁）。

イタチノシッポとも呼ばれるふさふさとしたヒノキゴケ

❶白谷雲水峡　散策

●アクセス
宮之浦から車で25分（バス有）

●代表的なコケ
ヒノキゴケ
ヒロハヒノキゴケ
ウツクシハネゴケ
キダチヒラゴケ

常緑樹と広葉樹とが混生する原生林。屋久島の森を代表する散策コース。比較的大型で美しく、肉眼で識別しやすい屋久島のコケの代表種が、まるで「見本」のように生育している。『屋久島のコケガイド』を手に勉強をするのにも最適。

フォーリームチゴケは植物体の腹側に細い鞭のようなべん毛が伸びる

❷ヤクスギランド　散策

●アクセス
安房から車で35分（バス有）

●代表的なコケ
フォーリースギバゴケ
コマチゴケ
ジャゴケ
コツクシサワゴケ

遊歩道が整備されており、安全で歩きやすい。荒川が流れ、比較的明るく開けた場所もあるため、生育するコケの種類もじつに多様。白谷雲水峡でも見られる代表種+アルファがランダムに出現し、コケ好きならば、いつまでいても飽きない。

※【特保】とは、環境省によって定められた国立公園、国定公園の特別保護地区。動植物の採取や損傷、移植、たき火などが禁止されている。

葉が銀白色で、大きな群落をつくるアラハシラゴケ

❻蛇之口滝登山道（じゃのくちたきとざんどう）

登山

●アクセス
尾之間～尾之間温泉は徒歩5分。温泉～蛇之口滝はゆっくり徒歩3時間
●代表的なコケ
アラハシラガゴケ、シロハイゴケ
マルバツガゴケ、アブラゴケ、
ヤクシマテングサゴケ、
オオウロコゴケ

シロハイゴケやマルバツガゴケなど、地味ながらも面白い熱帯性のコケが見られる。目立つものにはアラハシラガゴケなども。途中に徒渉ポイントなどもあり、あまり歩きやすくはないので、足もとは特にしっかりした装備を。見どころは、二次林を過ぎた標高300mの辺り。

ヒロハヒノキゴケは屋久島のコケの代表種。至るところで切り株や倒木などを覆う

❺縄文杉登山道（じょうもんすぎとざんどう）【特保】

登山

●アクセス
安房から荒川登山口までシャトルバスのみ（一般車両乗入れ規制）
●代表的なコケ
ヒロハヒノキゴケ
ホウライスギゴケ

せっかく屋久島を訪れたからには、このコースを歩く人も多いはず。比較的ハードな登山ルートのため、ゆっくりと観察するのには適さないが、ホウライスギゴケの群落や、杉の木の根元や切り株を覆うヒロハヒノキゴケなどが目につく（採集は厳禁）。

世界遺産の「屋久島」

屋久島は島全体が花崗岩でできており、もしもこれほど豊かな緑で覆われていなければ、海上に浮かぶ巨大な岩の固まりに見えるはずだ。世界遺産に登録されているのは、そのうち20%にあたる森林で、日本でしか見られない杉の自然林や世界的に希少となった照葉樹の原生林が残されていること、南方系～北方系の植生が垂直分布している点などが評価された。

島内は、動植物の採集が禁止されている特別保護地区も多く、そのエリア内では、コケをつまんで観察することも当然禁止（自分のほうがルーペとともにコケに近づこう）。通常、看板などでの注意書きがあるが、事前に地図上で範囲を確認する、もしくはガイドを頼んで歩くなどすれば、より安心だ。また保護地区以外でも、観察のために数本つまみあげる程度にとどめ、みだりな採集は控えてほしい。コケは環境依存の生き物なので、場所を移すとまず育たない。

コケが気になりはじめると、つい「誰も足を踏み入れないような場所にはもっとたくさん生えているのではないか」と思いがちだが、じつは深い森のなかや、危険な急流のそばなどよりも、むしろ遊歩道や登山道ぞいなど、やや開けた場所のほうが多様な種が見られ、楽しめる。くれぐれも危険を冒さないよう、そして、代えがたいこの屋久島の環境を傷つることのないよう注意してほしい。また、登山道では、あちこちに、踏み跡やケモノ道があり、時に道に迷うこともある。必ず、複数での行動を。

緑豊かな原始の森を比較的安全に歩けるのが屋久島の魅力のひとつ。ルールを守って、どうぞ楽しいコケの旅を!

『屋久島のコケガイド』
伊沢正名・木口博史・小原比呂志
㈶屋久島環境文化財団
500円+税
コケを見に屋久島へ行こうという方はぜひ本書を。肉眼でも見分けやすい種を中心に、屋久島に生息する特徴的なコケを紹介。購入は、㈶屋久島環境文化財団のウェブページから。
Ⓗhttp://www.yakushima.or.jp/htdocs/

クマムシとコケは運命共同体

地球最強の生物と謳われるクマムシは、私たちにとって身近な存在・コケのなかで生きている。

堀川大樹・文と写真

クマムシは4対の肢をもつ体長が0.1～1ミリ程度の微小動物である。歩く様子がクマのように見えることから、クマムシと呼ばれる。その名に「ムシ」という語を含むが、昆虫ではなく、緩歩動物門に入る。緩歩動物とはクマムシの総称であり、1000種類以上のクマムシが属している。種類によって生息環境は異なっていて、海底、潮間帯、湖沼、高山を含む陸地など、多様な環境に生息している。

クマムシは基本的には水生動物であり、周囲の環境に水が存在するときにのみ活動できる。陸地に生息する種類のクマムシは、周囲から水がなくなると体が脱水して「乾眠」と呼ばれる仮死状態に入る。

乾眠状態のクマムシは、マイナス273℃の超低温からプラス100℃の高温、ヒトの致死量のおよそ1000倍に相当する線量の放射線、水深1万メートルの75倍に相当する圧力、真空など、さまざまな種類の極限的ストレスに耐えることができる。さらには、乾眠状態で宇宙空間にさらされた後に、地球に帰還した一部のクマムシが復活したという記録もある。

じつは海や湖沼に生息する種類のクマムシは、乾眠形質が弱かったり、この能力をまったくもたない。クマムシの乾眠能力は、その種が適応している生息環境の乾燥の度合いに左右されているのである。クマムシはもともと海が起源とされており、陸上に進出する過程で乾燥耐性、すなわち乾眠の形質を獲得したのだろう。

陸生のクマムシは、われわれの身近なところだと、市街地に群生し乾燥耐性をもつギンゴケやギボウシゴケによく見られる。これらのコケのなかにとりわけ多く見られるクマムシの種類としては、チョウメイムシ、オニクマムシ、トゲクマムシの仲間が挙げられる。

降雨によってコケがスポンジのごとく水分を保持している状況では、そのなかでクマムシは採餌行動や繁殖行動を行うことができる。そして、雨が止んでコケから水が蒸発すると、クマムシも乾眠モードに移行して次の降雨の機会をコケとともに待つのだ。すなわち、水の利用サイクルと生活サイクルが同調しているという点で、クマムシとコケは運命共同体のようなものである。また、クマムシは急激に乾燥すると乾眠に入れず死んでしまう。コケのなかではクマムシの周囲の環境がゆっくりと乾燥するため、確実に乾眠に移行することができる。このように、コケはクマムシにとって欠かせないシェルターとしての役割も果たしているのだ。

クマムシの食性は、種類によって植食性、肉食性、雑食性に分けられる。コケの体液を摂食するクマムシもいるし、コケに棲むほかの乾燥耐性微小動物である線虫やヒルガタワムシを摂食するクマムシもいる。このように、コケのなかではクマムシやそのほかの乾燥耐性生物を育む〝微小生態系〟が構築されているのである。

クマムシ

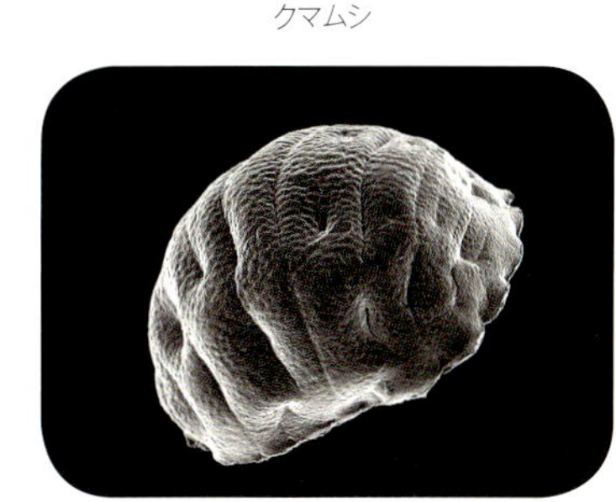
乾眠中のクマムシ

クマムシさん。絶賛発売中

知っておきたいコケ100

名前がわかれば魅力も2倍♪

小さくて見分けるのが難しいといわれるコケだけれど、ここでは目につきやすく、わかりやすいコケを選りすぐって紹介。ルーペ片手にじっくり観察、くじけず識別に挑戦してみよう。

秋山弘之・文と写真

※科の配列は『日本の野生植物 コケ』（平凡社）に準拠した。

01 オオミズゴケ 大水蘚

群落の様子

Sphagnum palustre
セン類ミズゴケ科

ミズゴケの仲間は世界に約200種、日本には37種ほどが知られている。その多くは高緯度や標高の高い湿原に分布するが、オオミズゴケは山裾のため池や水のしみ出す山道沿いなど、標高の低い貧栄養な里山的環境でもよく見かける。茎は10cm以上あって、ときに大きくて深い群落をつくる。枝葉は広卵形。冬には赤く色づくことがある。雌雄異株。胞子体はきわめてまれ。全国にやや普通。

02 ホソベリミズゴケ 細縁水蘚

水のしたたる岩壁の基部などに純群落をつくる

拡大。オオミズゴケよりもずっとほっそりとしている

Sphagnum junghuhnianum subsp. *pseudomolle*
セン類ミズゴケ科

オオミズゴケと同様、湿原ではなく山道沿いの水のしたたる岩壁や湿った林床などに群落をつくる。ミズゴケ属のセン類は、茎に沿って下に向かう下垂枝と茎から外側に向かう開出枝の2種類の枝が、1つの節に複数つくのが特徴。また茎の頂部に短い枝が集まって頭部をつくる。枝葉は二等辺三角形。胞子体はまれで、夏から秋にかけて生じる。本州から九州にややまれ。

葉は棒状で茎に対して丸くつく。茎の高さは1cmほど

ナンジャモンジャゴケ 03

なんじゃもんじゃ蘚

Takakia lepidozioides

セン類ナンジャモンジャゴケ科

棒状の葉や裸出する生殖器官、らせん状に裂開する蒴など、原始的な性質をもつ。湿って冷涼な環境を好み、亜高山帯の巨岩の岩陰などに薄い群落をつくる。茎はややもろく、また棒状の葉も落ちやすく、脱落したそれらから植物体が再生する。乾燥すると龍角散の香りが強いので、目を閉じていても存在がわかるほど。雌雄異株で、国内からは雌植物しか見つかっていない。属の学名はこの種をはじめて発見した日本のコケ学者·高木典夫博士を記念したもの。

茎と葉の断片から再生して伸び始めている(寒天培地)

ヨツバゴケ 04

四歯蘚

ヨツバゴケの群落

蒴歯は4つの歯片から成り立つのが和名の由来

茎の頂端には無性芽カップが生じる(3点とも平岡正三郎·写真)

Tetraphis pellucida

セン類ヨツバゴケ科

本州中部以北の山地の切り株や木の根元などに、やや茶色がかった濃い緑色の群落をつくる。群落のサイズが小さい段階では雄で、大きくなると雌に性転換することが知られている。茎の先端にはカップ状の無性芽器がある。胞子体は夏頃に成熟する。同じ属にアリノオヤリがあり、胞子体の柄が途中で屈曲するのが両種を区別するのによい特徴。

イクビゴケ 05

猪首蘚

群落の様子
(麦粒を巻いたような姿)

胞子体のアップ

Diphyscium fulvifolium

セン類イクビゴケ科

茎は数mmの長さでとても短く、暗緑色の葉を数枚だけつける。反対に袋状の蒴がよく目立つ。まるで地面にこぼれた麦粒のようだ。蒴先端の開口部は白い膜によってフイゴ(鞴)状に狭まり、雨粒などが膨らんだ本体に当たると小さな胞子がほこりのように勢いよく放出される。胞子体は夏をのぞいて年中見ることができる。全国の低地から山地にかけての土上によく見られる。

クマノゴケ 熊野蘚 06

Diphyscium lorifolium
セン類イクビゴケ科
山間部の渓流の流水中、あるいは水しぶきが常にかかる岩などの上に固着して生活する。植物体は黒っぽい緑色。渓流環境への適応から線形の葉に葉身がほとんどない。近縁なカシミールクマノゴケは水から離れた場所に生え、わずかに葉身を発達させる。以前はクマノゴケ属*Theriotia*として独立していたが、葉身がよく発達するイクビゴケ属と区別できないことが分子系統の成果から判明した。胞子体は春頃に目立つが、夏頃までに消えることが多い。本州以南に分布する。環境省RDBの準絶滅危惧種に指定されている。

植物体

生育環境

ナガサキホウオウゴケ 08
長崎鳳凰蘚

水の流れに半ば浸るように生育することが多い

薄い葉が茎の左右に二列に並ぶ

Fissidens geminiflorus
セン類ホウオウゴケ科
植物体は1.5～5 cmほどの長さで、ホウオウゴケ属の中では中型。岩壁を流れ落ちる渓流の流水中や、水しぶきがかかる岩の上に群落をつくる。茎はやや枝分かれするのも特徴的。植物体は明るい緑色で、中央の茎が多少白っぽく見える。葉細胞は方形から六角形で、表面が盛り上がる。雌雄異株であまり胞子体をつけない。本州以南に分布する。

ホウオウゴケ 鳳凰蘚 07

左右二列に並んだ葉が特徴的

Fissidens nobilis
セン類ホウオウゴケ科
ホウオウゴケ属は日本から40種以上が知られているが、その中でも最大のサイズを誇る。茎は9 cmに達し、左右二列に葉が並び扁平に見える。和名はその様子を伝説の鳥「鳳凰」の尾羽に見立てたもの。葉の縁は多細胞層になり、ルーペでは少し暗く見えるのがわかりやすい特徴。雌雄異株。胞子体はまれ。全国の沢沿いなどの湿った薄暗い場所に大きな群落をつくる。

コスギゴケ 小杉蘚 10

胞子体をつけた雌株

雄花盤が目立つ雄株

Pogonatum inflexum

セン類スギゴケ科

明るい場所にしばしば大きな群落をつくり、人里近くでもよく目にする。名前の通り小型のスギゴケで、茎は長さ1～4 cm。乾くと著しく縮れる葉が特徴。雄株の茎の先端にできるカップ状の雄花盤には多数の造精器が隠されていて、飛び跳ねた雨水の飛沫と一緒に精子を放出して、遠くの雌株まで届ける。胞子体は年中見ることができる。全国の低地に普通。似た大きさで縮れ方が弱いのはヒメスギゴケで、これも全国に普通。

ハミズゴケ 葉見ず蘚 09

原糸体が薄く広がる裸出した地面と、立ち上がったたくさんの胞子体

Pogonatum spinulosum

セン類スギゴケ科

茎や葉は退化してとても小さく、キノコのように2～4 cmに伸びる胞子体だけがよく目立つ。地面の上に薄く広がる緑色の原糸体で光合成を行う。原糸体の群落にはなぜか草の芽生えなどが生えず、肉眼では見えない微小なタイ類のよい住処となっている。雌雄異株。胞子体は冬から春にかけて見られる。全国の低地の里山環境に普通だが、慣れないとなかなか見つけられない。

ウマスギゴケ 馬杉蘚 11

苔庭のウマスギゴケ群落

湿地に生える野生のウマスギゴケ群落

Polytrichum commune

セン類スギゴケ科

苔庭の主役だが、茎が20 cm以上に伸びると倒伏するので手入れがかかせない。庭に植えても数年で枯れる傾向が強く、苔庭愛好家の間では困った問題。オオスギゴケと姿形がよく似るが、蒴の根元がくびれ、湿原の縁など明るく湿った環境を好む。オオスギゴケはずっと暗い林床に群落をつくる。雌雄異株だが性転換するという報告もある。胞子体は年中見られる。低地から高山まで全国に分布する。

乾くと著しく葉が縮れる（3点とも平岡正三郎・写真）

ナミガタタチゴケ 波形立蘚 12

Atrichum undulatum
セン類スギゴケ科

一見すると小型のスギゴケ類に見えるが、やや明るい緑色をしていることや、乾くとすぐに葉が縮れて強く巻く点などが異なる。葉には小さなトゲが並んだ横シワが目立つのもよい特徴。雌雄同株でよく胞子体をつける。胞子体は年中見られるが、秋に成熟する。蒴は円筒形でやや湾曲する。蓋の先は細く尖る。蘚帽は無毛。北海道から本州までの各地にきわめて普通。庭園に出ることも多い。

湿って葉を展開した姿

成熟直前の蒴をつけた胞子体。未熟な蒴は緑色をしている

ヤノウエノアカゴケ 13

屋の上の赤蘚

公園の地面に広がる群落

赤い蒴が特徴

Ceratodon purpureus
セン類キンシゴケ科

雌雄異株なのによく胞子体をつける。茎は短く1 cm以下。蒴は赤くてやや傾き、乾くと深い縦ジワができるのが特徴。藁屋根の上に群落をつくるのが和名の由来だが、公園の開けた地面などにも普通。コンクリート橋の隅に緑色のコケがもこもこと生えていると本種の可能性大。冬枯れの2～3月にかけて、地面から針状に伸びる若い胞子体は軸が赤くてよく目立つ。胞子体は春に熟す。世界中にきわめて普通。生物学研究の材料としても以前はよく使われていた。

キンシゴケ 金糸蘚 14

若い胞子体をつけた群落

Ditrichum pallidum
セン類キンシゴケ科

茎は長さ5～10 mmほどで目立たない。和名は4 cmほどのまっすぐに伸びる黄色の蒴柄にちなむ。先端の蒴は円筒形で、蒴歯は基部まで深く二裂する。雌雄同株。胞子体は初春から夏にかけて見られる。全国の開けた裸地などに小さな群落をつくる。キンシゴケ属は日本に9種あって区別が難しい。よく似て蒴柄が赤褐色になる種があり、それは別種のベニエキンシゴケという。

ヤマトフデゴケ 大和筆蘚 15

茎の先端がポロポロと落ちやすいのも特徴

コンクリート橋の縁に群落をつくるヤマトフデゴケ

Campylopus japonicus
セン類シッポゴケ科

茎の長さは変異が大きく、通常は3～5 cmほど。日当たりのいい場所に浅緑色の密な群落をつくる。苔庭にもよく使われる。茎の先端が落ちて群落表面に転がっていることが多く、栄養繁殖に寄与する。胞子体は知られていない。全国の低地から亜高山帯まで広く分布する。同属のフデゴケは暗緑色で葉先の透明尖が目立ち、より日差しの強い過酷な環境に生える。

若い蒴をつけた群落。裸地などの開けた場所に群生する

熟して蓋が取れた蒴
(2点とも平岡正三郎·写真)

ユミダイゴケ 弓台蘚 16

Trematodon longicollis
セン類シッポゴケ科

2 cmほどの蒴柄の先に細長い円筒形の蒴があり、わずかに弓状に湾曲するのが和名の由来。蒴のうち、胞子がつくられる部分(壺)よりもその下の頸が2倍以上長くなるのが一番の特徴。一方、植物体は茎がわずか1 cm以下であまり目立たない。全国に分布し、裸地などに大きな群落をつくることがあるが、野外では出会う機会は少ない。かえって温室の植木鉢内の土上などによく見かける。同様に長い頸をもつブルッフゴケ属*Bruchia*と合わせてブルッフゴケ科として独立させることがある。

シッポゴケ 尻尾蘚 17

Dicranum japonicum
セン類シッポゴケ科

茎は2～10 cmほどで、葉は乾くとあちらこちらを向き茎がよく見える。茎には白色の仮根がある。雌雄異株。胞子体は1本の茎に1つ(単生)で蒴柄は5～6 cmほど。蒴は円筒状で湾曲し、夏から秋にかけて胞子が熟す。琉球をのぞく全国の、腐植質に富んだ林床の土上にこんもりとした大小の群落をつくる。よく似たカモジゴケは仮根の色が薄茶色で、葉は一方向に曲がる点で異なる。

胞子体をつけた群落

葉は乾くと広がって、
茎にある白い仮根が見える

ホソバオキナゴケ 細葉翁蘚 19

地面の凹凸を忠実になぞるように広がる群落をつくる

白緑色の植物体は、ほかには見られないよい特徴

Leucobryum juniperoideum
セン類シラガゴケ科
白緑色の植物体が特徴の苔庭の主役。この色は、葉緑体を含む緑色細胞だけでなく、細胞質が抜けた透明細胞が葉の大部分を占めていることに由来する。よく似たアラハシラガゴケはより南方に多く、あまり密な群落をつくらない。スギの木が大好きで植林地でよく目立つ。ただし幹に生えると植物体がより小型化する傾向がある。雌雄異株。胞子体は年中見られる。全国の低山地から山地にかけてごく普通。

エビゴケは岩面に下向きに生える。扁平な植物体も特徴的

エビゴケ 海老蘚 18

Bryoxiphium norvegicum subsp. *japonicum*
セン類エビゴケ科
左右二列に規則的に並んだ葉は茎に密着し、長さ数 cmの茎の先端につく葉は先が糸状に長く伸び、その姿はまさしく海老のよう。沢沿いなどの直射日光の当たらない垂直な岩壁などに下向き生えて大きな群落をつくる。胞子体は小さく、よく探さないと見つからない。全国の山地、特に火山岩地帯には普通。東アジアのエビゴケは雌雄異株で、同株になる北米亜種から区別される。

崖に下向きに生えることがあるのも特徴

葉の拡大。白緑色の葉は、ルーペで見ると背面に多くの小さなトゲがある

オオシラガゴケ 大白髪蘚 20

Leucobryum scabrum
セン類シラガゴケ科
植物体は大型だが、ホソバオキナゴケのように多くの茎が密生することはなく、緩い群落をつくる。あるいはほかの大型セン類に混じって生育する。岩崖に垂れ下がるように生えることも多い。本州以南にやや普通。雌雄異株で胞子体はきわめてまれ。南に行くほど大型化する傾向がある。琉球にはよく似た大型のジャバシラガゴケ*L. javense*があるが、区別に苦労することも少なくない。

ハマキゴケ 葉巻蘚 21

Hyophila propagulifera

セン類センボンゴケ科

葉が乾くと両側から内側に巻きこまれる様子が和名の由来。コンクリートの側溝や橋の欄干などに土壌を介さず固着し、背の低い密生した群落をつくる。山間部のトンネル出入り口を護るコンクリート壁が一面緑色なのは、この種のしわざ。雌雄異株。胞子体はまれ。本州以南の低地から山地に広く分布するが、西南日本では無性芽にトゲトゲのあるカタハマキゴケが多い。

山間部の日当たりの悪いコンクリート壁一面に群落をつくる

葉を展開させた様子

ハマキゴケの群落。左は乾燥状態で茶色に見える

センボンゴケ科の中では幅が広い、つややかな葉をもつ

まれに奇形の葉をつけることもある

寺院の銅屋根の下に広がる群落

ホンモンジゴケ 本門寺蘚 22

Scopelophila cataractae

セン類センボンゴケ科

ホンモンジゴケは高濃度の銅イオンを体内に蓄積する性質があり、「銅ゴケ」と呼ばれている。和名は東京の池上本門寺で国内で最初に見つかったため。最近の研究で、じつは銅イオンの存在が茎をつくる芽の分化に必須で、ない場所では原糸体の状態にとどまり、盛んに無性芽を生じてより好適な場所を探して出て行くことが報告されている。日本では、青森県から大分県まで各地の寺社仏閣の銅屋根の下に厚みのある群落をつくり、普通に見られ、また銅鉱山の近くなどにも生育する。シダ植物のヘビノネゴザと一緒に見つかることが多い。

強くねじれる線形の蒴歯。ねじれた蒴歯の基部に隙間が生じ、そこから胞子が散布される

蓋がはずれる直前の蒴

背の低い植物体の葉は先が次第に細くなり、乾くと巻縮する

ネジクチゴケ 捻口蘚 23

Barbula unguiculata

セン類センボンゴケ科

植物体は非常に小さく目立たない。胞子体が赤く、線形の蒴歯が何重にもねじれることが名前の由来。蒴の蓋がはずれた直後はゆるくねじれる程度だが、乾燥するとスルメをあぶったようにくるくると幾重にも強くねじれる。古くなると次第にねじれがほどけるが広く開口することはなく、基部にできた狭い隙間から胞子がこぼれ出て散布される。雌雄異株。蒴が熟すのは2月初旬頃から。似た環境に生えて、同様に赤みの目立つ胞子体をつけるヤノウエノアカゴケやノミハニワゴケは、この時期はまだ蒴がようやく膨らみかけた程度。

濡れて葉が展開したエゾスナゴケ

乾いたエゾスナゴケ

エゾスナゴケ 蝦夷砂蘚 25

Racomitrium japonicum
セン類ギボウシゴケ科
茎は高さ3cmほど。葉は乾くと茎に螺旋状に圧着し、濡れると急速に展開する。葉細胞には細かい乳頭状の突起があり、葉先には透明な芒があることが多い。濡れた群落は非常に美しい。直射日光による温度上昇と蒸れに強く、都市部のビル屋上緑化の切り札とされる。雌雄異株。胞子体は、2月中頃から3月頃かけて熟す。全国の低地から亜高山帯の日当たりのよい土上に群生。近年、*Methylobacterium*属細菌とアルコールを介した共生関係が見出されている。

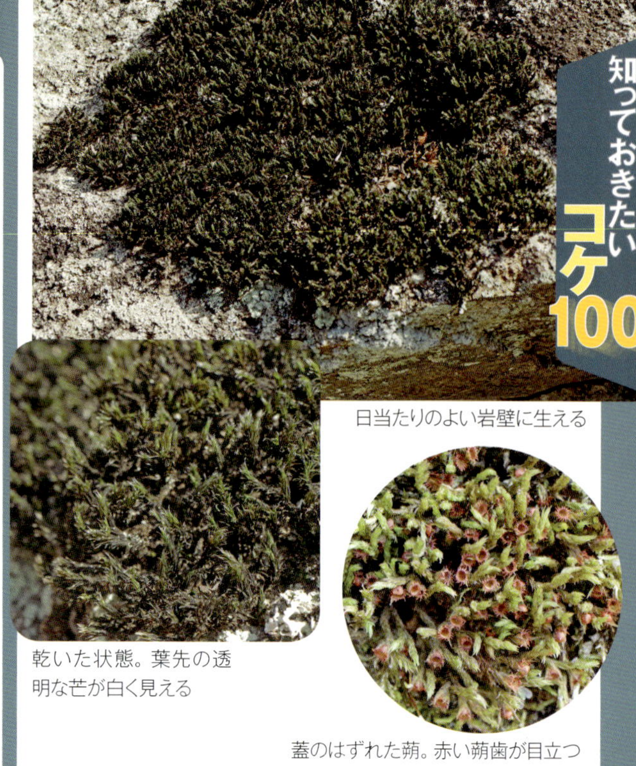
日当たりのよい岩壁に生える

乾いた状態。葉先の透明な芒が白く見える

蓋のはずれた蒴。赤い蒴歯が目立つ

ケギボウシゴケ 毛擬宝珠蘚 24

Grimmia pilifera
セン類ギボウシゴケ科
植物体は黒緑色、長さ2cmほどであまり分枝しない。葉先には透明な芒（のぎ）があって白く目立つ。乾くと葉は茎に密着し、濡れると急速に展開する。雌雄異株。胞子体の柄は短く蒴が苞葉の間に埋もれ、蓋が落ちると赤く短い蒴歯が肉眼でもよく見える。胞子体は通年残るが、秋遅くに若い緑色の蒴が見られる。全国の低地から亜高山帯にかけて日の当たる岩壁や石垣などに普通。

シモフリゴケ 霜降り蘚 26

Racomitrium lanuginosum
セン類ギボウシゴケ科
植物体は大型で、羽状によく分枝する。葉は狭披針形で先は長く透明な芒になる。この芒は白色に見え、あたかも苔の上に霜が降りたように見えるのが和名の由来。トゲは強い日光から身を守り、かつ空気中の水分を効率的に受け取る役目を果たす。標高の高い場所の開けた裸地や岩陰に生育するセン類で、富士山の五合目より上ではあちらこちらに大きな群落をつくっている。雌雄異株で胞子体はまれ。全国の亜高山帯から高山帯の裸地に、しばしば大きな群落をつくってよく目立つ。

葉先が白くて長いトゲになり、よくねじれて茎や葉を覆う
（2点とも平岡正三郎・写真）

群落の様子

密集した群落を樹幹につくる。雌苞葉の先は透明なトゲになって伸びる

ヒナノハイゴケ 鄙の這蘚 28

Venturiella sinensis
セン類ヒナノハイゴケ科
小型で密集した群落を木の幹につくる。茎は1 cm以下で立ち上がった先端に胞子体をつける。雌苞葉の先は白いトゲになり、蒴柄の短い蒴を囲む。雌雄同株でたくさんの胞子体を一面につける。冬に胞子が熟し早春にかけて胞子を散布するが、南の地域ほど早く熟す。胞子散布後も蒴は長く残る。大気汚染に非常に強く、市街地にも普通に見られる。別名クチベニゴケは、蒴歯や蒴の開口部がオレンジ色に彩られることから。

植え込みのサツキの枝に群生するサヤゴケの群落

蒴柄の上部までが雌苞葉で包み込まれる

サヤゴケ 鞘蘚 27

Glyphomitrium humillimum
セン類ヒナノハイゴケ科
非常に小型で茎の高さは1 cmに満たない。公園の梅や桜、寺院庭園の植え込みなど、木の幹や枝などに着生する。葉は狭い披針形で、乾くと茎に接する。赤い蒴歯と薄い黄色の蒴のコントラストが美しい。和名の由来となった胞子体の柄の基部を包む鞘は、若い胞子体をルーペで見るとわかりやすい。雌雄同株。胞子体は年間を通して見られる。日本全国の低地に普通。

若くて緑色の蒴

古い蒴をつけた群落

ヒョウタンゴケ 瓢箪蘚 30

Funaria hygrometrica
セン類ヒョウタンゴケ科
一年生のセン類で植物体は微小。胞子体がなければその存在になかなか気づかない。茎は高さ5 mmほど。葉は卵形で中肋は1本。雌雄同株で冬から初夏の頃によく胞子体をつける。蒴柄は乾くと強くねじれ、湿るとそのねじれがほどけ、その際に激しく運動して先端にある蒴をぐるぐると激しく回転させて胞子を散布する。種小名の*hygrometrica*も、湿度に応じて蒴柄が動く様を表す。和名は瓢箪に似た蒴の形から。焚き火跡や庭、畑など生育に適した場所を転々とする性質がある。全国に普通。

畑に生えた群落。季節が進むと雑草に覆われてしまう

同じ群落でも蒴の成熟時期は大きくずれる

コツリガネゴケ 小釣鐘蘚 29

Physcomitrium japonicum
セン類ヒョウタンゴケ科
茎の長さ3〜5 mmほどで、葉は卵状披針形で長さ4〜5 mm、透明感がある。田んぼの畦や畑など開けた場所にときに大きな群落をつくり、春に胞子体が成熟する。雌雄同株。蒴柄の長さは10〜15 mm、胞子は茶色で短い刺が密生。よく似たツリガネゴケとの区別は胞子の色以外では難しい。ずっと小さいアゼゴケは春と秋の2回、胞子体をつける。本州以南の低地に多い。

乾くと葉がねじれる（木村全邦・写真）

胞子体をつけたハリガネゴケ

雄株の造精器群（すでに成熟していて色が薄茶色になっている）

ハリガネゴケ 針金蘚 32

Bryum capillare
セン類ハリガネゴケ科

植物体は高さ1～2 cm。葉は倒卵形で基部が狭まる。卵形の葉の先が芒になって伸びるのがよい特徴。乾くと葉は強く巻縮する。特に道路の側溝との狭い隙間など、土埃がたまる場所にヤノウエノアカゴケやギンゴケ、ホソウリゴケなどと一緒に生えていることが多い。雌雄異株。5月頃、短い茎の先につく造精器群がエメラルドグリーンで美しい。全国の市街地や低山地などにごく普通。

明るい場所のものほど銀色が目立つ

ギンゴケ 銀蘚 31

Bryum argenteum
セン類ハリガネゴケ科

もっとも名前を覚えやすいコケの代表。葉は丸く茎につく。銀色に見えるのは葉上部の細胞の中味が欠落し、光を乱反射するため。クマムシの仲間が葉と茎の間に住んでいる。道路脇の側溝との隙間など人里に普通だが、富士山山頂や南極大陸にも分布。肉眼ではホソウリゴケやヤノウエノアカゴケなどと間違えやすい。雌雄異株。胞子体はあまり見かけないが、蒴が下向きに垂れて頸にはイボイボが目立つ。

新しく伸びた枝と昨年の枝の色のコントラストが顕著

春には緑色の新しい蒴をつける

コバノチョウチンゴケ 小葉の提灯蘚 34

Trachycystis microphylla
セン類チョウチンゴケ科

コケの新緑の季節は、上空を覆う落葉樹よりも数か月早くはじまるが、都市部にも分布する本種は、新緑がもっとも美しいコケの代表。去年の茎葉の暗緑色と、新しく伸びた茎の鮮緑色とのコントラストは見事。小田原提灯のように垂れる蒴と、上部で数本に枝分かれする茎もよい特徴。雌雄異株。春頃に胞子体が成熟する。本州以南の低地、特に庭園など人家周辺に多い。

カサゴケモドキ

密閉したガラス瓶で育てると徒長しやすい

オオカサゴケ

オオカサゴケ 大傘蘚 33

Rhodobryum giganteum
セン類ハリガネゴケ科

大型で直立茎は3～5 cm、基部は鱗片葉が密生し、上部で倒卵形の大きな葉が傘状に展開する。地下茎を伸ばして群落を大きくする。直立茎の根元から秋頃に1本の新しい茎（地下茎）が地中を伸び、翌年の春にその先端が地面に向かって立ち上がり直立茎になる。雌雄異株。胞子体はきわめてまれ。本州以南の林床土上に生育。近縁のカサゴケモドキ（絶滅危惧II 類）は植物体が小さく、茎の上部の傘になる部分の葉の数が少ない。

胞子体をつけた群落。1本の茎から数本がまとまって出る

葉には明瞭な横しわがある（3点とも平岡正三郎・写真）

雄株の雄花盤（造精器が集合したもの）

ツルチョウチンゴケ 36
蔓提灯蘚

Orthomnion maximoviczii
セン類チョウチンゴケ科

コツボゴケ同様に、匍匐する枝が目立つセン類。楕円形の葉には全周に微歯があり、また強い横しわがあるのが特徴。ただし横しわが弱いこともある。10倍ほどのルーペで葉を観察すると、中肋沿いの1〜2列の細胞がほかの細胞よりずっと大きいことがわかる。雌雄異株。1か所から複数の胞子体が出る。全国の低山地から山地の沢沿いに普通。2016年に属の所属が変更された。

匍匐茎は長く伸びる。乾くと縮れて美しくない

雄株には、立ち上がる茎の先端に雄花盤が発達する

コツボゴケ 小壷蘚 35

Plagiomnium acutum
セン類チョウチンゴケ科

生殖器官をつけない匍匐茎と、雄の生殖器をつけて立ち上がる直立茎の姿は別種のように異なる。卵形の葉の縁には上部にだけ鋸歯がある。雌雄異株で全国に分布する。厳冬の時期に爪楊枝のような胞子体が伸び、春に蒴が成熟して胞子を飛ばす。沢沿いなどの湿った場所だけでなく、山地の林床や庭園、市街地の公園などでも大きな群落を見かける。本州以北には雌雄同株となるツボゴケがあり、区別が難しい。

ケチョウチンゴケ 37
毛提灯蘚

Rhizomnium tuomikoskii
セン類チョウチンゴケ科

茎は高さ1〜2 cmほどで黒褐色から褐色の仮根が密生する。葉は丸みを帯びた倒卵形で、葉縁の細長い細胞や中肋がよく目立つ。和名は葉の上まで伸びて覆う仮根の存在によるが、無毛のこともあってまぎらわしい。仮根の先には緑色で線形の無性芽が生じる。雌雄異株。秋から冬にかけて蒴が熟す。琉球をのぞく全国に普通。やや湿った場所、たとえば流れの横の岩の上、倒木上などに群落をつくる。植物体のサイズは変異が大きく、図鑑の検索表を引く際には大いに迷うことがある。

葉の表面に伸びる褐色の仮根とその先端に分化した緑色の無性芽

仮根をよくつけた群落

タマゴケ 玉蘚 39

緑の丸い蒴が特徴。熟すと茶色になる

湿った壁面で半球状に育つタマゴケ群落

Bartramia pomiformis

セン類タマゴケ科

冬から早春にかけて、山道を歩くと鮮やかな半球状の群落をよく目にする。早春にはまっすぐな柄の先についた浅緑色で球形の蒴が目立つが、成熟が進むと中心が色づき目玉のように見える。英名apple mossも青リンゴに似たその姿にちなむ。茎は薄茶色の仮根で覆われ、葉は線状披針形、乾くとよく縮れる。雌雄同株。全国の山地のやや日陰になる斜面に普通。

ヒノキゴケ 檜蘚 38

ふんわりとした野生のヒノキゴケ群落

苔庭では箒で強く掃かれるので背の低い密な群落をつくる

Pyrrhobryum dozyanum

セン類ヒノキゴケ科

京都の苔庭ではウマスギゴケやホソバオキナゴケと並んでもっとも重要な種の1つだが、山裾に位置する湿度の高い寺院に多い。茎は大型で10 cmに達し、ほとんど枝分かれしない。別名のイタチノシッポもよくその形状を現している。雌雄異株。胞子体は年中見られる。本州以南の沢沿いの林床に群生する。ずっと小型のヒロハヒノキゴケなど日本に数種が知られている。

コツクシサワゴケ 40

小筑紫沢蘚

Philonotis thwaitesii

セン類タマゴケ科

日本に分布する約10種のサワゴケ属植物の中でもっとも小型。葉腋にはたくさんの無性芽をつける。雌雄異株。4～5月頃に緑色で少しゆがんだ球形の若い蒴が目立つ。本州から琉球まで広く分布する。水田の用水路内の水際に、点々と明るい緑色の群落をつくっているのをよく見かける。関西地方の低地で目にするのは、ほとんどがこの種。カマサワゴケも似たような場所に生えるが、葉が強く折りたたまれ竜骨状になる傾向が強い。

コンクリート側溝に小さな群落が並んでいる

胞子体は長い柄の先に青リンゴがついたよう（平岡正三郎・写真）

ウワバミゴケ 蟒蛇蘚 41

ウワバミとは大蛇のことで、大型の植物体にちなんでいる

Breutelia arundinifolia

セン類タマゴケ科

植物体は大型・強壮で、茎は20 cmほどにも達することがあり、またあまり枝を出さない。葉は強く開出し、きわめて印象的な風貌で他種と間違えることはない。水のしたたる岩壁の基部や、沢沿いの湿った土上などに群落をつくる。雌雄異株。胞子体はまれ。日本では屋久島の山地からだけ知られている（絶滅危惧II類）。ボルネオ島北部のキナバル山中腹の登山口付近では、道沿いのあちらこちらに大きな群落をつくっている。

コウヤノマンネングサ 42

高野の万年草

より繊細なフジノマンネングサ

毎年新しい地上茎を出すが、古い地上茎も数年間は残る

Climacium japonicum

セン類コウヤノマンネングサ科

和名が「草」で終わる数少ないコケのひとつ。コケらしくない樹状に枝分かれした地上茎の立ち姿が美しい。地上茎基部から伸びる地下茎が春先に立ち上がり、新しい地上茎になる。高さ5～10 cmほどに達する。ときに山地の林床に巨大な群落をつくる。「コウヤ」は高野山のことで、日本ではじめて報告された場所にちなむ。雌雄異株。胞子体はきわめてまれ。全国の山地林床に分布。分枝がずっと繊細なフジノマンネングサはより高地の林床を好む。

ヒジキゴケ 鹿尾菜蘚 43

Hedwigia ciliata

セン類ヒジキゴケ科

植物体は乾いたときは白緑色だが、霧吹きで水をかけると数秒で葉を展開させ緑色になる様子が観察できる。茎は立ち上がり、長さ5 cmほど。不規則に短い枝を出す。葉は密に重なりあい、先端は透明な芒（のぎ）になり白色に見える。雌雄同株。茎先の葉の間に埋もれた蒴をよくつける。蒴歯はもたない。全国の明るく乾いた岩壁や、人家の石垣でよく見かけるセン類。

茎先の葉の間に蒴が見える

岩壁にはえる群落

ミノゴケ 蓑蘚 45

木の幹や岩面に群落をつくる。乾くと葉は巻縮する（平岡正三郎・写真）

蘚帽にはたくさんの毛が生える（鵜沢美穂子・写真）

Macromitrium japonicum
セン類タチヒダゴケ科

昔の雨具である蓑を思わせるほど、蘚帽に多数の毛が生じるのが和名の由来。木の幹や岩壁面に薄く広がる群落をつくり、たくさんの短い枝を出す。枝の葉は乾くと巻縮する。葉の先は、湿ったときも強く内側に屈曲する。雌雄異株。秋頃から胞子体が伸び始めるが、春に熟して胞子を飛ばす。胞子に大小があって矮雄をつくる。全国に普通。ただし、ミノゴケ属は日本に9種があり区別が難しい。

コダマゴケ 小玉蘚 44

若いコダマゴケの胞子体。左はカラフトキンモウゴケ

胞子を飛ばし終わり、空になった蒴が見える

Orthotrichum consobrinum
セン類タチヒダゴケ科

茎は短くて高さ1 cm未満。葉は乾いても縮れずに茎に圧着する。雌雄同株。胞子体は深い釣り鐘状の帽子をかぶり、晩秋から早春にかけて目立つ。夏前に胞子を放出すると蒴は縮んで茶色になる。毛深い帽子と縮れた葉が特徴のカラフトキンモウゴケがよく一緒に生える。全国の低地から山地の樹幹に丸くて小さな塊をつくる。日当たりがよく風が抜ける場所を好む。別名タチヒダゴケ。

木の幹や枝に丸い小さな群落をつくることが多い

蘚帽の毛、まさしく金毛

乾くと葉が強く巻縮する（3点とも平岡正三郎・写真）

カラフトキンモウゴケ 46
樺太金毛蘚

Ulota crispa
セン類タチヒダゴケ

匍匐茎は短く、5 mmほどの立ち上がる枝をつける。葉は広楕円形で乾くと巻縮する。雌雄同株でよく胞子体をつける。蒴柄は長く、蒴が雌苞葉から抜き出る。琉球をのぞく全国の低山地から山地に普通。丸い小さな群落を樹幹や枝に点々とつくる。キンモウゴケ属は日本に7種が分布するが、低山地では本種、そして蘚帽の毛が少なく乾いても葉があまり縮れないエゾキンモウゴケがほとんどを占める。

枝分かれが少なく扁平で光沢のある植物体

48 リボンゴケ 飾紐蘚

Neckeropsis nitidula
セン類ヒラゴケ科
岩面や樹幹に着生し、植物体には特有の光沢があり、乾いた外観をしている。葉は茎に8列につくがきわめて扁平に並び、濡れても変わらない。葉はへら状で長さ2〜2.5 mm、横しわがない。雌雄異株。胞子体は茎の裏側にあり、植物体を裏返すと見える。リボンゴケ属は熱帯に長く垂れ下がる大型種が多いが、リボンゴケはその中でもっとも北まで分布を広げている。国内では北海道〜琉球まで広く分布し、樹幹や岩上に生育する。

一次茎は着生基物上を匍い、二次茎が長く垂れ下がる

霧がよくかかる場所であれば、水辺以外でも生える（藤井久子・写真）

47 キヨスミイトゴケ 清澄糸蘚

Neodicladiella flagellifera
セン類ハイヒモゴケ科
垂れ下がる枝（二次茎）は長さ30 cm以上になることも普通。雌雄異株で胞子体はまれ。水面から蒸気が上がるような、谷間の灌木の枝などから垂れ下がって生育する種。和名は千葉県の清澄山に由来する。長い間、イトゴケ属Barbellaとされてきたが、葉の細胞のパピラの数で別属に分けられた。垂れ下がるコケ植物は熱帯・亜熱帯にたくさんの仲間が知られているが、本種がもっとも北まで分布を広げている。2006年に属の所属が変更された。

樹状に分枝する姿が美しい

50 クジャクゴケ 孔雀蘚

Hypopterygium fauriei
セン類クジャクゴケ科
和名は尾羽を広げた孔雀に見立てたもの。短い地下茎から立ち上がった地上茎は高さ3 cmほどで、上部で多数の枝を平面的に出す。全国のやや湿った場所などに生える。クジャクゴケ属は熱帯に多く分布し、日本からは3種が知られる。雌雄同株。胞子体は春〜秋によく見られ、蒴柄は長さ2〜3 cmで赤褐色。よく似たヒメクジャクゴケはわら色の蒴柄をもつ。

49 キダチヒラゴケ 木立ち平蘚

Homaliodendron flabellatum
セン類ヒラゴケ科
一次茎は基物に密着し、立ち上げる多数の二次茎を出す。二次茎はリボンゴケに似て扁平に葉をつけ光沢があるが、下部には柄があり鱗片状の小さい葉が密着、上部は樹状に枝分かれする。主茎につく葉は枝の葉よりもずっと大きく、枝を出さない若い二次茎は別種のように見える。雌雄異株。胞子体は二次茎の裏側につく。日本のものは、東南アジアのものに比べて平板さと光沢が少し弱い。国内では、樹幹に着生するコケではもっとも大型になるセン類の1つ。

植物体

アブラゴケ 油蘚 51

胞子体をつけた群落
(2点とも平岡正三郎･写真)

葉の先端の細胞からたくさんの
無性芽や短い仮根が生じる

Hookeria acutifolia
セン類アブラゴケ科

白緑色のやわらかい植物体で、大きいと5 cmほどの長さになる。葉は卵形、長さ3～4 mmほど。葉の細胞は六角形できわめて大きく、ルーペを使えば肉眼でも確認できる。葉先に紡錘形の無性芽をつけることがある。また、葉の先端が白くなることも多い。雌雄同株。胞子体はややまれ。林下のやや薄暗い、多少湿った土上や土をかぶった石の上などに生育。日本全国に分布するが、南のものほど葉細胞のサイズが大きい傾向がある。

ツガゴケ 栂蘚 52

葉は茎に扁平につく(平岡正三郎･写真)

蒴柄は先端で屈曲し、
蘚帽には毛がある

Distichophyllum maibarae
セン類ホソバツガゴケ科

アブラゴケに似るが、植物体は長さ1～2 cmでずっと小さい。葉は密について、葉先には小さな突起がある。中肋は1本で長い。雌雄同株でよく胞子体をつける。蒴柄は最上部で屈曲して蒴を上向きにつけるのは、本種が平坦ではなく多少とも傾きのある土上などに下向きに生育することと関係あるかもしれない。蘚帽に毛があるのも特徴。本州以南に分布する。ツガゴケ属は亜熱帯･熱帯に分布の中心がある。日本には6種があり、ツガゴケがもっとも北まで見られる。

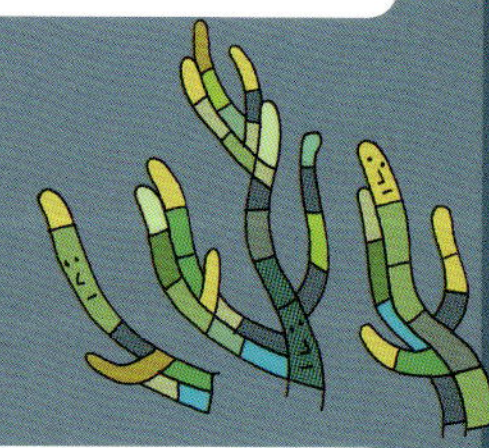

ネズミノオゴケ 鼠の尾蘚 53

Myuroclada maximoviczii
セン類アオギヌゴケ科

和名は毛のないネズミのしっぽに見立てたもの。茎は長さ2～5 cm、円柱状で先端ほど細くなる。葉はお椀状に深く窪み、茎上に密に覆瓦状に重なるが、茎は通常下向きに生えるので結果として瓦状の配置となる。雌雄異株。胞子体はあまり見かけない。全国の低地から山地にかけて、岩やコンクリート壁、田んぼの側溝、木の根もとなどにときに大きな群落をつくる。

円柱状の植物体は、尾だけ見えているネズミたちのようだ

ケヒツジゴケ 毛羊蘚

黄緑色のあざやかな群落。春に一番目立つコケ植物の1つ

葉の先は細長く伸びる

Brachythecium garovaglioides

セン類アオギヌゴケ科

白緑色が映えるやわらかな風貌のセン類。薄いマット状の群落が冬から早春によく目立つが、初夏を過ぎると丈の高い草に覆われて目立たなくなる。葉は卵形で縦しわがあり、葉先は細長く伸びる。雌雄異株。胞子体は秋から初冬にかけて成熟。本州以南の土手や路傍など地面に広い群落をつくる。アオギヌゴケ属は国内に32種が知られ、いずれもよく似ており区別が難しい。

ノミハニワゴケ 蚤葉庭蘚

灌木の枝に生えたノミハニワゴケ

ルーペを使って蒴歯の動きを観察するよい材料になる

Haplocladium angustifolium

セン類シノブゴケ科

公園や民家の庭などの土上に大きな群落をつくり、春先になると一斉に伸び出す針状の赤みがかった蒴柄がよく目立つ。不規則に枝分かれした長さ1～2 cmほどの茎は短く地面を匍い、広披針形で先端が尖った小さな葉をたくさんつける。沢沿いの小灌木の枝にびっしりとつくこともある。雌雄同株でよく胞子体をつける。蒴は春頃に成熟。日本では各地に普通。世界中に広く分布し、非常に多型。同じ属で少し小さいコメバキヌゴケも普通に見られ、よく似ている。

茎は地上を這って細かく三回羽状分枝する

トヤマシノブゴケ 外山忍蘚 56

Thuidium kanedae

セン類シノブゴケ科

シダ植物のシノブのように三回羽状分枝する姿は美しい。茎には毛葉が密生し、茎葉は先端が糸状に細く伸びる。雌雄異株。胞子体は通年よく見られる。全国のやや乾いた林床などに生える東アジア特産種。水に近い湿った場所には熱帯から広く分布するヒメシノブゴケが生えて見事なすみ分けを示す。和名のトヤマは、戦後若くして亡くなったコケ植物研究者・外山禮三博士にちなむ。

コモチイトゴケ 子持糸蘚 57

ビロードのような質感の、薄い群落を樹幹につくる

植物体のアップ。葉先は一方向に曲がることが多い

Pylaisiadelpha tenuirostris
セン類ナガハシゴケ科

市街地の公園から山地まで、樹幹上にビロードのような手触りの薄い群落をつくる。茎は長さ1～2 cmで、立ち上がることなく木肌に密着。葉は披針形で先は細く尖る。葉の基部には翼細胞と呼ばれる膨らんだ細胞が数個ある。雌雄異株。胞子体はややまれ。低い乳頭状の突起がある線形の無性芽が葉腋に生じるので「子持」の名がある。琉球をのぞく全国に分布し、市街地に多い。

カガミゴケ 鏡蘚 58

朽木上に生え光沢のあるカガミゴケ

Brotherella henonii
セン類ナガハシゴケ科

植物体は這って羽状に分枝する。葉は多列につくが扁平になり、独特の光沢を有する。枝先は少し下側を向く。茎葉は卵形で先端で急に細くなる。ホソバオキナゴケと同様にスギの木が好きで、株元に群落をつくるのをよく見かける。雌雄異株。胞子体は秋から冬にかけて生じる。全国の里山から山地にかけてごく普通。カガミゴケ属は日本に4種ほどあるが、識別が非常に難しい。和名の「鏡」ほど植物体に光沢があるわけではない。

緑色の群落。葉は左右に扁平に広がる

アカイチイゴケ 赤一位蘚 59

Pseudotaxiphyllum pohliaecarpum
セン類ハイゴケ科

樹木のイチイに似た葉のつけ方が和名の由来。群落の一部が赤くなるが、日陰では緑色のままであることも少なくない。形態は非常に変異に富むが、ねじれた糸状の無性芽が枝先に密生するのに注目するとよい。雌雄異株。胞子体は普通で年中見られる。本州以南の里山や低山の土上に普通。低地の乾いた場所から山地まで、各地の地上や木の根もとに生える。

よく日焼けして赤くなった植物体（辻久志・写真）

キヌゴケ 絹蘚 61

Pylaisia brotheri
セン類ハイゴケ科

小型のセン類。木の幹に生育し、やや光沢がある。茎は這って短い枝を多数出す。枝につく葉は先が細くなって鎌状に曲がる。コモチイトゴケに似るが、葉の翼部には小型で方形の細胞が多数ある。雌雄同株。蒴柄は短くて5～10 mmほど。蒴は長卵形で曲がらない。内蒴歯が外蒴歯の歯の裏側に付着するのも特徴だが、観察するには顕微鏡が必要。北海道･本州･四国の低山地や山地の樹幹に生育。

市街地の街路樹樹幹に生える群落（ヒナノハイゴケとコゴメタチヒダゴケが一緒に生えている）

春に伸びる若い胞子体。まもなく蓋が開いて胞子を飛ばす

ハイゴケ 這蘚 60

Hypnum plumaeforme
セン類ハイゴケ科

明るい場所を好み、公園の芝生の間や田んぼの畦などにも広がって大きな群落をつくる。茎は10 cm以上になって地上を這い、やや規則的に羽状に短い枝を出す。強く鎌状に曲がった葉は肉眼で見てもわかりやすい。曲がった葉は濡れてもあまり変化しない。雌雄異株で、胞子体はそれほど普通ではない。北海道をのぞく全国に広く分布し、コケ玉の材料としてもよく使われる。

ハイゴケの群落は美しいが、根がないので簡単にはがれるのが難点

フトリュウビゴケ 太龍尾蘚 62

Loeskeobryum cavifolium
セン類イワダレゴケ科

植物体は大型。立ち上がる茎は赤みが目立つ。長さ10 cm以上になり、上部でよく枝分かれする。茎には葉が重なり合ってつく。葉は広卵形でお椀状に深く窪み、先端は急に細く尖る。中肋は非常に短い。雌雄異株。胞子体はあまり見かけない。琉球をのぞく全国に広く分布する。里山の林内を流れる沢沿いの岩の上や、腐植土上などにふんわりとした群落をつくり、ときに群生する。

立ち上がって上部で樹状に枝分かれする

群落の様子。お椀状に窪む葉の先端が針状に尖るのが特徴

コマチゴケ 小町苔 63

Haplomitrium mnioides
タイ類コマチゴケ科
和名は小野小町にちなむが、雌雄異株で雄株のほうがより美しいのはご愛敬。肉質の地下茎の先端はたっぷりの透明な粘液で保護される。立ち上がる2cmほどの茎には、二列の側葉と一列の小さい背葉が並ぶ。雄株では造精器が茎の先端に花盤状に集まる。胞子体は初春頃から伸び始める。特に西南日本の山地に多く、やや薄暗い場所に群生する。

コマチゴケの雌株。一緒にあるのはジャゴケ

コマチゴケの雄株。若い造精器は艶のある黄色で宝石のよう

植物体はやや扁平に分枝し、斜め下を向いて生えることが多い

シーロカウレに包まれる若い胞子体

ムクムクゴケ むくむく苔 65

Trichocolea tomentella
タイ類ムクムクゴケ科
複雑に切れ込んだ葉が茎を覆い、立体的にむくむくしている様子がそのまま和名になった。似た種類にイヌムクムクゴケがあるが、葉の切れ込み方はずっと少ない。雌雄異株。胞子体は春頃にシーロカウレと呼ばれる特別な袋の中で発達するが、非常にまれ。本州以南の低地から亜高山帯までの沢沿いなど、湿った地上や倒木上に普通。よく似た種がほかに2種、日本に分布することが最近判明した。

植物体は短い枝を多数つける
(2点とも平岡正三郎・写真)

葉はV字状に深く二裂する

キリシマゴケ 霧島苔 64

Herbertus aduncus
タイ類キリシマゴケ科
風通しがよく、霧がかかりやすく明るい場所などに群生する。植物体の色や大きさは非常に変異に富み、茶色で大きな個体と緑色で小型のものでは別種のように見える。日当たりのよい場所では植物体の色が黒褐色になる。乾いたときはセン類と間違えやすいが、葉先が深く二裂する様子が重要な識別点になる。雌雄異株。沖縄県をのぞく全国に広く分布。亜高山帯には少し大型になる別種サクライキリシマゴケが分布する。

ムチゴケ 鞭苔 66

Bazzania pompeana
タイ類ムチゴケ科

茎は二叉状に分枝し、茎上に葉が三列に並ぶ（側葉が二列、腹葉が一列）。腹葉は葉緑体をもたず透明で、先が重鋸歯状。腹葉が透明だが鋸歯が低ければコムチゴケという別種で、そちらのほうがより普通。左右に広がる枝のほかに、地面に向かって茎と垂直方向に伸びる鞭状の枝（鞭枝）が発達する。生殖器官は未知。本州以南の低地の林床や岩上、樹幹などに普通。

規則的に二叉状に分枝する。左右二列の側葉だけが見えている

茎の腹側には、地面に向かって垂直に伸びる鞭枝が発達する

コスギバゴケ 小杉葉苔 67

Kurzia makinoana
タイ類ムチゴケ科

植物体は密な群落をつくるが、茎は長さ1 cm未満でとても小さい。葉は長さ0.2 mmほどで、根元まで3～4つに深く裂けるので、ルーペではたくさんの裂片が茎上に並ぶように見える。腹葉もほぼ同じ形。雌雄異株。やや湿った地面に薄い群落をつくる。全国の低地から山地に普通に分布するが、地面に目を近づけないと見つけることが難しい。種小名は、基準標本の採集者である牧野富太郎博士に献名されたもの。

きわめて小さい葉が茎に密生する（平岡正三郎·写真）

白緑色の植物体が地面を這う（3点とも平岡正三郎·写真）

蒴が裂開して胞子を放出し終わった胞子体。蒴柄も萎れかけている

茎の先が小型化した葉をつけて立ち上がり、先端に無性芽の塊をつける

トサホラゴケモドキ 68

土佐洞苔擬

Calypogeia tosana
タイ類ツキヌキゴケ科

植物体は長さ1～2 cmほど。葉は舌形で長さ1 mmほど、先端に小さな2歯がある。腹葉は幅が広く、先が4つに裂ける。雌雄同株でよく胞子体をつけ、初夏に胞子を飛ばす。全国の低地から亜高山帯の道ばたの土上や朽木上に普通。斜上する茎の先端に無性芽の塊をつけるのは、明らかに胞子体の擬態であり、少しでも高い所に無性芽をもち上げて風に飛ばすための工夫。

緑の切れ込みが葉である

木の株元などに生育する

シフネルゴケ しふねる苔 69

Schiffneria hyalina
タイ類ヤバネゴケ科

植物体は長さ2～3 cm、扁平な茎をもつため葉状タイ類のように見えるが、茎の両側に切り込まれたように葉が並ぶ。複葉はない。雌雄異株。胞子体は春頃に伸びる。本州以南の暖温帯で倒木上や樹木の株元などに群落をつくる。属の学名と和名はドイツの著名なタイ類研究者·Schiffner博士を記念してつけられたもの。

ウニヤバネゴケ 雲丹矢羽根苔 70

Cephaloziella spinicaulis
タイ類コヤバネゴケ科

長さ1～3 mm程度の細い糸状の茎が重なり合って生える。茎にはトゲ状の突起があり、きわめて小さい葉にも切れ込みやトゲがあるため、全身がトゲに覆われたように見える。雌雄同株。琉球をのぞく全国の、低地のやや湿った土上や小石の上などに生育する。同属のコヤバネゴケは、同じく非常に小型で、セン類ハミズゴケの原糸体群落を探すとよく見つかる。

葉は鋸歯状で突起がある。茎の表皮からも突起が生じる

細く伸びる茎に、小さなイボのような葉がたくさんつく(2点とも平岡正三郎・写真)

植物体が密生する群落(2点とも平岡正三郎・写真)

イボが密生する花被をつける。胞子体はすでに裂開してしなびている

イボカタウロコゴケ 72

疣硬鱗苔

Mylia verrucosa
タイ類ツボミゴケ科

見た目が硬い感じの茎が密生した群落をつくる。植物体は黄緑色だが、ときに赤みを帯びることがある。葉は円形から卵形。葉細胞は著しいひび割れ模様が細胞表面に目立つためにこのような風合いになる。雌雄異株。生殖器官をつけるのはまれだが、花被にいぼいぼ状の突起がたくさんある。北海道から九州にかけて広く分布し、岩上や腐植土上に生育する。葉が舌形で花被にいぼがないカタウロコゴケもよく見かける。

朽ち木表面にはりつくように生えている

葉の縁の細胞はたくさんの無性芽に分化してボロボロになる

ヒメトサカゴケ 姫鶏冠苔 71

Chiloscyphus minor
タイ類ウロコゴケ科

タイ類は湿った場所を好む種が多いが、本種はかなり乾燥した林内や地上にも生える。1～2 cmの長さの茎が朽ち木や木の幹などに強く密着した薄い群落をつくる。葉の縁に多数の無性芽が生じ、ルーペでは葉がボロボロに壊れたように見えるのが見分ける上でのよい特徴。また、植物体を指でこすって匂いを嗅ぐとさわやかなよい香りがする。雌雄同株。全国の低地から亜高山帯の樹幹や朽ち木、岩上などに普通。

チャボヒシャクゴケ 73

矮鶏柄杓苔

Scapania stephanii

タイ類ヒシャクゴケ科

茎の左右につく側葉は、それぞれが大小2つの葉片に分かれて上下に折りたたまれ、背中側の葉片（背片）が腹側の葉片（腹片）より小さいので、左右に4枚の葉が並ぶように見える。日本産ヒシャクゴケ属26種の中でもっとも小さい。シタバヒシャクゴケと同種する研究者もいる。雌雄異株。日本では本州から琉球の低地から低山地の濡れた土上や岩上に赤みを帯びた群落をつくる。

熟した蒴はまもなく柄が伸びる。葉の縁には鋸歯が密生する

赤みを帯びた群落をつくることが多い

雄花序は鱗片状の葉がいくつも並んでついて紐状になる

葉には基部から先端にかけてたくさんの鋸歯がある

マルバハネゴケ 丸葉羽根苔 75

Plagiochila ovalifolia

タイ類ハネゴケ科

立ち上がる茎は長さ3〜5 cm。葉は卵形で基部側が内側に巻き込む。葉縁には多くの鋸歯がある。複葉は非常に小さい。雌雄異株。雄株はたくさんの鱗片状の葉を伴う雄花序をつくり、独特の形になる。全国の低地から山地の、渓谷中の岩上などに群生する。

葉は2つ折りになり、背中側にある背片は下側の腹片に比べてずっと小さい
（2点とも平岡正三郎・写真）

葉には中央を通るビッタがあり、やや透明に見える

シロコオイゴケ 白子負い苔 74

Diplophyllum albicans

タイ類ヒシャクゴケ科

植物体は3〜5 cmほどの長さでやや光沢がある。茎の両側につく葉（側葉）は長舌形で長さ1 mmほどで、2つに折りたたまれ、背中側にあるほうがずっと小さい。葉にはセン類の中肋に似たビッタと呼ばれる構造がある。雌雄異株。全国の亜高山帯以上の土上や岩上に生育する。和名の「コオイゴケ」は2つに折りたたまれた葉の背中側が小さく、子どもを背負っているように見えるため。

コハネゴケ 小羽根苔 76

枝先の葉は小さく基部から脱落しやすく、茎が裸になる

Plagiochila sciophila
タイ類ハネゴケ科

植物体はマルバハネゴケよりも少し小型。葉は狭い卵形で、大きな鋸歯が数個ある。葉が落ちやすく、葉を落として裸になった茎が目立つ群落もある。複葉はきわめて小さい。雌雄異株。雄株はいくつもの鱗片葉が並んだ雄花序をつくりよく目立つ。本州以南の山間部の低地の岩上や樹幹に生育する。

チヂミカヤゴケ 縮み茅苔 77

樹幹に生える群落。葉の縁はよく縮れる

蒴はやや不規則の形に裂開する

Macvicaria ulophylla
タイ類クラマゴケモドキ科

植物体は暗緑色で茎は不規則に分枝。側葉は長さ1～2 mm、小さな腹片と大きな背片に分化する。背片は波打って著しく縮れるのが特徴だが、それほどでない場合もある。背片葉縁は壊れてボロボロになりやすい。複葉は茎の約2倍の幅がある。雌雄異株。熟した蒴は不揃いの8個の裂片に分かれて冬から早春に胞子を飛ばす。琉球をのぞく全国に分布し、低山地から山地の大きな木の樹幹に生育する。

岩上に生育する黒味が強い群落（平岡正三郎・写真）

ニスビキカヤゴケ 78

仮漆引き茅苔

Porella vernicosa
タイ類クラマゴケモドキ科

植物体は黒みがかった緑色で、乾くとニス状の光沢が見られる。側葉は大きな背片と小さな腹片に分化し、背片の先端は乾くと内側に強く巻き込まれるため、独特の形状を呈する。側葉や複葉には長歯状の鋸歯が出る。雌雄異株。琉球をのぞく全国の低地や山地の林内、川縁の岩上や樹幹に群落をつくる。植物体を噛むと、まさに「さしみのつま」（ヤナギタデの芽生え）と同様の、ピリピリとした辛味を舌先に感じる。

岩上に群落をつくっているシダレヤスデゴケ

茎裏側の拡大写真。中央の腹葉と大小2つに分かれた側葉が見える

シダレヤスデゴケ 79

枝垂れ馬陸苔

Frullania tamarisci
タイ類クラマゴケ科

植物体は長さ3～7 cm、灰緑色でやや光沢をもつ。側葉は長さ1 mmほどで、大小2つ（背片と腹片）に分かれるため、腹側から見ると葉が五列に並ぶように見える。側葉の背片は先端が尖り、中央に赤色の眼点細胞が一列に並ぶ。雌雄異株。全国の低地から高山の岩上や樹幹に普通。コケ植物は一般に人畜無害だが、本種は人によっては強い皮膚炎を起こすことが知られている。

フルノコゴケ 古鋸苔 80

Trocholejeunea sandvicensis
タイ類クサリゴケ科
植物体は長さ2 cmほど。胞子体をよくつけるが、小さくて見つけにくい。雌雄同株でよく胞子体をつける。北海道以南の低地の樹幹や岩などに張りつくように生えるが、西南日本に多い。耳で聞くだけでは和名の意味がわかりにくいが、葉が湿るとすばやく茎に対して垂直方向に立ち上がり立体的になる様子を、古いのこぎりの歯に見立てている。

濡れると葉が茎に対して垂直になる。黒いのは成熟した蒴

乾いた状態の植物体（2点とも平岡正三郎・写真）

カビゴケ 黴苔 81

Leptolejeunea elliptica
タイ類クサリゴケ科
植物体の大きさは数ミリ程度の微小なタイ類。独特の強い臭いをもつことが和名の由来。雌雄同株。胞子が発芽して数か月で成熟して、胞子体をつくるようになる。これは葉面という不安定な環境に対する適応。本州以南の太平洋側の渓谷など湿度の高い場所でヤブツバキなどの常緑低木の葉の上に生育。ビニール製水道管や金属製看板に生えることもある。

生きている葉の表面で生育する

葉面に見える粒状のものは眼点細胞。これが強い臭いをもたらす

サワクサリゴケ 沢鎖苔 82

Lejeunea aquatica
タイ類クサリゴケ科
植物体は1～4 cmの長さ。側葉の背片は卵形で1 mmほど、先が多少内曲する。腹片はきわめて小さい。腹葉は半円形で深く切れ込み、茎の幅の2～3倍の大きさがある。胞子体は未知。本州中部以南の暖帯林の渓谷や庭園などで、水辺の岩上や流水中に群落をつくって生育。和名は水辺や水中の岩にて育つ様子から。水中に大きな群落をつくるタイ類には、ほかにもフジウロコゴケやジャバウルシゴケなどがあるが、いずれも葉形で区別することができる。

水中に茎を伸ばすこともある

浅い流れの中に浸って生育する（2点とも平岡正三郎・写真）

ホソバミズゼニゴケ 83

細葉水銭苔

同じ群落を12月に撮影。葉状体先端が深く切れ込む冬の様子

葉状体の中心部は紫色を帯びることもある（4月撮影）

Pellia endiviifolia

タイ類ミズゼニゴケ科

茎は扁平で葉状になり（葉状体と言う）、幅1cmほどで二叉状に枝分かれする。葉状体の表面は平滑。冬になると葉状体先端が細かく切れ込み、まるで別種のように見える。高等植物のエイザンスミレなどと同様、葉身の切れ込み方と気温との間に深い関係があるのだろう。雌雄異株。3~5月に伸びた胞子体を見ることができる。全国の水辺に普通。

もやしのような蒴柄の先端に蒴がある。茶色の糸状のものは弾糸

沢沿いの湿った場所に群落をつくる

クモノスゴケ 蜘蛛巣苔 85

Pallavicinia subciliata

タイ類クモノスゴケ科

葉状体は長さ2~6cm、二叉状に分枝しやや立ち上がる。葉状体中央に1本の筋（中肋）がはっきりと見える。シダ植物のクモノスシダのように先端が細くなって伸びることがあるのが和名の由来か。葉状体表面は平滑。雌雄異株。春頃に胞子体が透明な柄を伸ばして胞子を散布する。本州以南低地の沢沿いで岩上や地上、倒木上に普通。この仲間は日本に3種あり、たとえば、屋久島には3種とも分布し、野外で見分けるには慣れが必要。

胞子体を伸ばした植物体

葉状体の裏側には茶色の仮根がある

マキノゴケ 牧野苔 84

Makinoa crispata

タイ類マキノゴケ科

葉状体は緑色で長さ5cmほど、幅1~1.5cm。表面に模様はなく平滑で、縁はある程度うねる。特に顕著なのは、葉状体の裏側につく仮根が茶色であることで、ほかの葉状体タイ類とのよい区別点になる。雌雄異株。全国の低地・低山地の土上や朽木上に生育する。植物界でもっとも大きな精子（長さ0.1mm）をもつ。属名を献名された牧野富太郎博士が喜び、「マキノアのコケの精虫巨大なり」と詠んだのは有名な話。

コモチフタマタゴケ 87

子持二股苔

風通しのよい灌木の枝に着生する

Metzgeria temperata

タイ類フタマタゴケ科

葉状体はとても質が薄くまばらに二叉状に分枝する。幅は約1 mmほどで、葉状体の表面は平滑。先端が細く伸びてその縁にたくさんの円盤状無性芽をつけるのがわかりやすい特徴。雌雄異株。本州以南に分布し、低地から山地にかけて風通しのよい樹幹や枝などに着生する。この仲間は日本に10種が知られるが、いずれもよく似ていて区別は難しい。

ウスバゼニゴケ 薄葉銭苔 86

山間部の林道わきの土上などに生育する

2つならんだ黒い点が、「ニョロニョロ」のように見える

Blasia pusilla

タイ類ウスバゼニゴケ科

葉状体は薄い緑色で長さ1～3 cmほど、幅は3～5 mmで、縁が半円形に深く切れ込む。切れ込みの基部に黒色のラン藻コロニーが2つ並んで目のように見える。2種類の無性芽をつける。雌雄異株。琉球をのぞく全国に分布。葉状体タイ類で藍藻のコロニーを体内にもつのはほかにシャクシゴケがあるが、こちらは多くのコロニーが2列に並ぶ。ともに、共生するラン藻のおかげで養分の少ない土上にいち早く進出することができる。

湿った田んぼの土の上に密生する群落をつくる（木村全邦・写真）

中央の丸い袋（包膜）をもつのが雌株、左右の茶色に見えるのが雄株。（道盛正樹・写真）

キビノダンゴゴケ 88

吉備の団子苔

Sphaerocarpos donnellii

タイ類ダンゴゴケ科

稲刈りの後、1か月ほどした水田の湿った粘土質土上に小さな丸いロゼットをつくり、冬の間に一生を終える。植物体は雌株が直径1 cmほど、雄株はそれよりも小さなロゼットをつくる。雌雄異株。袋状の包膜の中に胞子体ができる。2009年に日本の岡山市ではじめて見つかった。北米原産で、水田の土上に生える性質と合わせると、本種は渡り鳥が運んだ近年の帰化種の可能性が高い。

ミカヅキゼニゴケ 89

三日月銭苔

Lunularia cruciata

タイ類ミカヅキゼニゴケ科

ゼニゴケに似ているが類縁は遠い。ゼニゴケよりも葉状体の幅は狭く1 cm以下。表面は緑色で気室孔が開く。無性芽器が半月から三日月形なのがよい特徴。雌雄異株。胞子体は極めてまれ。本州から九州にかけての、人家の庭や植え込みの間など人里近くにのみ分布する帰化種。関東では特に近年、分布域が広がっている。

半月から三日月形の無性芽器をつけたミカヅキゼニゴケ

林道法面にはえるヒメジャゴケの若い個体

葉状体の縁がたくさんの無性芽に変わる

ヒメジャゴケ 姫蛇苔 91

Conocephalum japonicum

タイ類ジャゴケ科

東アジアに固有の小型のタイ類で、同属のジャゴケよりも葉状体の幅が狭く3 mmほど。葉状体表面にはジャゴケと同様に蛇の皮の模様がある。葉状体の匂いはより強い。冬になると葉状体先端の縁が著しく切れ込んで無性芽を形成する。雌雄異株。胞子体は春に伸びる。全国の低地や低山地に分布。ジャゴケよりも人工的な、新しく切り崩した栄養分の少ない土上にも容易に定着することができる。

水際に多い、葉状体が幅広いタイプ（オオジャゴケ）

雌器托を伸ばした、山道沿いに生える雌株（ウラベニジャゴケ）

ジャゴケ 蛇苔 90

Conocephalum conicum

タイ類ジャゴケ科

ジャゴケはもっとも普通に見かけるコケ植物で、幅1～2 cmの葉状体表面には気室孔が並んで蛇の皮を思わせる模様となる。手で揉むと土臭い、あるいはドクダミに似た特有の香りがある。雌雄異株。全国の低地の路傍から亜高山帯にかけて生育。以前は世界に1種とされたが、複数の種から構成されることがわかってきた。日本には少なくとも3種がある。いずれも春に胞子体を伸ばす。

ケゼニゴケ 毛銭苔 92

Dumortiera hirsuta

タイ類ケゼニゴケ科

染色体数が9、18、27という倍数性が知られており、それぞれが別の亜種として区別される。倍数性の違いで葉状体の大きさや表面模様、生育環境が異なり、特に1倍体は石灰岩地に多い。葉状体は幅1～2 cmで縁に顕著な刺があり、表面は平滑で暗緑色、あるいはビロード状で浅緑色。春から夏にかけて、胞子体が見られる。全国の沢沿いや山道沿いなどに分布する。

雄器托をつけた葉状体。雌雄同株だが、どちらか一方だけつけることが多い

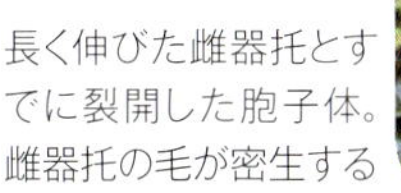

長く伸びた雌器托とすでに裂開した胞子体。雌器托の毛が密生する

ジンガサゴケ 陣笠苔 93

Reboulia hemisphaerica

タイ類ジンガサゴケ科

和名は胞子体をつける器官（雌器托）の姿を陣笠に見立てたもの。緑色で幅5～7 mmの狭い葉状体の表面には、ガス交換のための気室孔が開き、白い斑点となって見える。葉状体の縁と腹面は赤紫色の鱗片で覆われ日に当たると虹色を呈する。雌器托は葉状体の先端にあり半球形で浅く切れ込み、柄は長さ3 cm。雌器托をつける時期は長いが、春に伸びる。全国のいたる所に分布し、市街地にも普通。

葉状体はやや光沢があり、緑がわずかに赤紫色になる

裏面は構造色のため虹色に見える

伸びた雌器托。「陣笠」の裏側に胞子体ができる

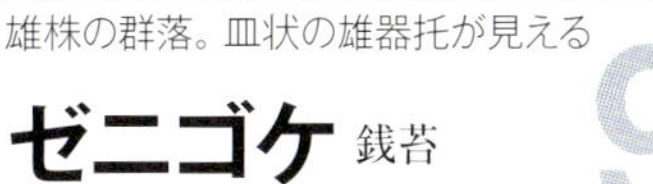

雄株の群落。皿状の雄器托が見える

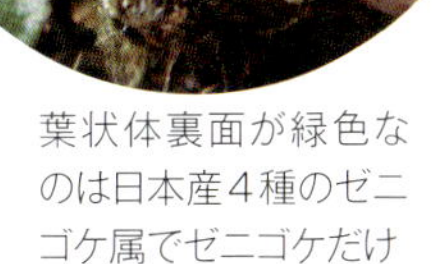

葉状体裏面が緑色なのは日本産4種のゼニゴケ属でゼニゴケだけ

カップ状の無性芽器はゼニゴケ属の特徴

ゼニゴケ 銭苔 94

Marchantia polymorpha

タイ類ゼニゴケ科

葉状体はやや光沢のある緑色。表面の気室孔がジャゴケほど目立たず、カップ状の無性芽器をつける。葉状体の幅は7～15 mmで縁はやや波打ち裏側は緑色。西日本では葉状体の裏側が赤紫色になるフタバネゼニゴケのほうがずっと多い。雌雄異株。雄器托は上部が平板で、雨粒の飛沫と一緒に精細胞を遠くまで飛ばす。胞子体は場所によって厳冬期を除いて年中見ることができる。全国の庭や畑に普通。

フタバネゼニゴケ 95
二羽根銭苔

Marchantia paleacea subsp. *diptera*

タイ類ゼニゴケ科

葉状体はゼニゴケに似るが、艶があり縁が赤みを帯びる。無性芽器をつける。裏面は赤紫色になる。雌雄異株。本州以南の人家周辺や山地の土上に大きな群落をつくる。受精しなかった雌器托は和名の由来になった「二羽根」状になるが、受精した場合にはそうならず、トサノゼニゴケのものと酷似する。

受精した雌器托は二羽根状にならない

雄器托をつける雄株

水面直下に浮くウキゴケ。光合成で生じた酸素の泡をまとわせている

湿地の土上に生えた、よく伸びた個体

ウキゴケ 浮苔 97

Riccia fluitans

タイ類ウキゴケ科

水面直下に浮かぶように生育することが多い水生のコケ植物。幅1mm以下の葉状体は何度も二叉状に分枝して長く伸びる。わき水の流れる場所など水温が低く溶存酸素の豊富な場所に群生するが、田んぼやため池、湿地などに出ることもある。リシアという商品名で広く流通する。雌雄同株。胞子体はまれで、葉状体に埋もれているため目立たない。複数の種がウキゴケという名のもとに混同されている可能性が高い。

黒筋が目立つ葉状体。表面の丸いものは無性芽器

雄器托をつけた雄株

トサノゼニゴケ 土佐銭苔 96

Marchantia emarginata subsp. *tosana*

タイ類ゼニゴケ科

葉状体は幅が5mm以下、真ん中に1本の黒い筋が出ることが多い。無性芽器をもつ。葉状体の裏側は赤紫色。雄器托は裂片が深く切れ込む。この裂片の先にあらたな葉状体が生じることがある。葉状体に黒い筋ができるのは、本種とヒトデゼニゴケだが、ヒトデゼニゴケは雌器托が握り拳のようになるので区別できる。

イチョウウキゴケ 銀杏浮苔 98

Ricciocarpos natans

タイ類ウキゴケ科

ため池や水田などの水面を漂うが畑地に生えることもある。イチョウの葉に似た葉状体は長さ1～1.5 cmで表面は平滑、深い溝がある。裏面には赤紫色のリボン状の腹鱗片があり、水面で体のバランスをとるのに役立つ。気温が上がると瞬く間に田んぼ一面に広がる。ミズメイガ類の幼虫や魚が好んで食べるため、大きな群落が翌年には消滅することもまれではない。雌雄同株。植物体に埋もれた胞子体は初夏の頃に熟す。世界中に広く分布。

ため池に浮かぶイチョウウキゴケ。風に吹かれるとあちこち漂う

葉状体のアップ。銀杏形の葉状体には深い溝がある

細胞内に大きな1個の葉緑体があるのは、藻類と共通する原始的な特徴

胞子体をつけた雌株

ニワツノゴケ 庭角苔 100

Phaeoceros carolinianus

ツノゴケ類ツノゴケ科

葉状体は縁が波打ち、長さ1～3 cm、幅3～5 mm。不規則に切れ込み、ときに大きな群落をつくる。成熟した胞子と弾糸は黄色なので、蒴が裂開する先端は薄い茶色となり、ともに黒色のナガサキツノゴケと異なる。雌雄同株。本州以南の低地の、人家の庭の土上や水田などに薄い群落をつくる。

4月下旬の群落。この群落では胞子体はまだ成熟前

角（胞子体）の先端が熟しはじめた。周囲はアゼゴケ（セン類）

ナガサキツノゴケ 長崎角苔 99

Anthoceros agrestis

ツノゴケ類ツノゴケ科

葉状体はロゼット状で直径1～2 cm、不規則に切れ込んで波打つ。ルーペで見ると、葉状体に黒いラン藻のコロニーが共生するのが見える。庭や公園、刈り取りが終わった水田などに生える。雌雄同株。越年生で、晩春から初夏の頃に胞子体が成熟、夏前に植物体は枯れてしまう。夏の乾燥・高温時期を胞子で過ごし、秋口に発芽して12月頃には再び小さな葉状体が目につくようになる。

もっとコケと向き合いたい人に。

採集と標本づくり

コケは野外から持ち帰って観察し、標本にして保存することができる。ここでは、採集と標本づくりの基本を紹介する。

このは編集部・文と写真
鵜沢美穂子・協力

コケを見つけたら、どんな環境にどんな様子で生えているのかを観察し、メモや写真で記録しておきたい。群落が大きく採集しても問題のないコケなら※、一部を持ち帰ってじっくり観察するのもいい。顕微鏡を使えば細部を観察することができるし、名前がわからないものは、特徴を図鑑やほかのコケと見比べて調べることができる。観察後は標本にしておけば、いつでも調べ直すことができ、何度も見直せば、そのコケをきちんと理解できる。また、詳しい人に見てもらうこともできる。

特定の種類のコケや、限られた季節にしか出現しない胞子体などを見たい人は、生態情報をあらかじめ調べてから探しに出かけよう。

採集道具

小さなヘラ（もんじゃ焼き用が使い勝手がよい）

採集袋

筆記用具

チャックつきビニール袋（乾燥に弱い組織をもつタイ類とツノゴケ類は、ビニール袋にいれて保湿すると長持ちする）

小物を出し入れしやすいかばん（ヘラを紐でつけると便利）

1 まずは観察

観察方法はp.28を参照

2 ヘラでとる

手のひらに収まる程度のサイズがよい。必ず群落の一部は残すようにする

3 袋に入れる

採集袋かチャックつきビニール袋に入れる

4 採集情報をチェック

コケの周囲の環境や生育基物をチェックする。ほかにも気になる情報をメモする

5 かばんに入れる

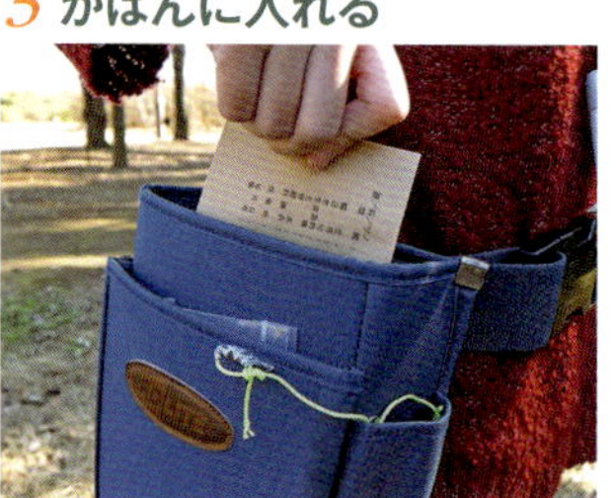

持ち帰ったら観察し、標本にする

岩や樹皮など、高い位置に生えているコケは、採集袋で受けるようにこそげとる。このとき、樹皮を傷つけたり周囲の植生を荒らさないように気をつけたい。また、葉に生えているコケは葉ごと採集する

※採集をするときは、土地の管理者などに問い合わせて許可を取ること。

茨城県自然博物館の収蔵庫にある、コケ用の標本棚。引き出しのなかには、整理された標本が並ぶ。収蔵庫のなかは、カビや害虫の発生を防ぐため、気温は20℃前後、湿度は50～60％に保たれている。きちんと保管された標本は、100年後、200年後の未来に今のコケの情報を伝える貴重な財産になる

標本づくり

1 乾燥させる

生体でしか見られないもの（タイ類の油体など）を観察した後、なるべく早く、風通しのよい場所で乾燥させる。コケが何についていたか（生育基物）は重要なので、土などはつけたまま。立体構造を保つために押し葉標本にはせず、そのまま乾燥させる

2 標本袋にいれる

土やゴミなどを軽く取り除いた後、乾燥したコケと採集袋の表面（採集データの原本になる）を標本袋に入れる。予備のラベルも入れておこう

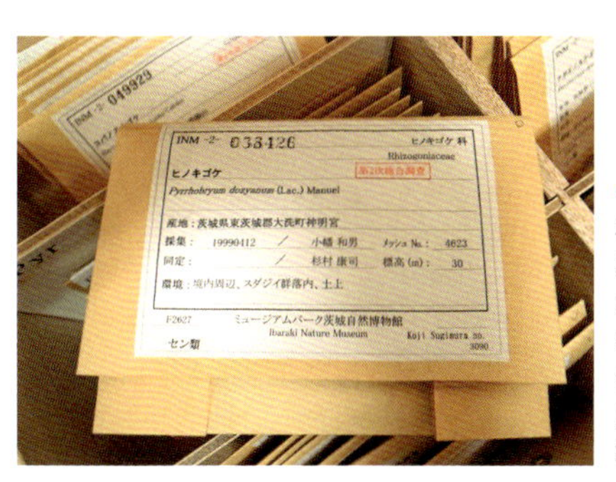

3 ラベルをつけて保管

標本袋に採集データを整理したラベルを貼り、湿度の低い場所に保管する。引き出し式のたんすやキャビネット、衣装ケースなどが適している。コケは虫に食べられることが少ないので、防虫剤はほとんど必要ない。しかし、カビには弱いので、保存時には乾燥を保つように心がけよう

観察セットも忘れずに！

メモ帳

デジタルカメラ

霧吹き

ルーペ（倍率は高いほうがよい）

ピンセット

採集袋と標本袋

（内側）

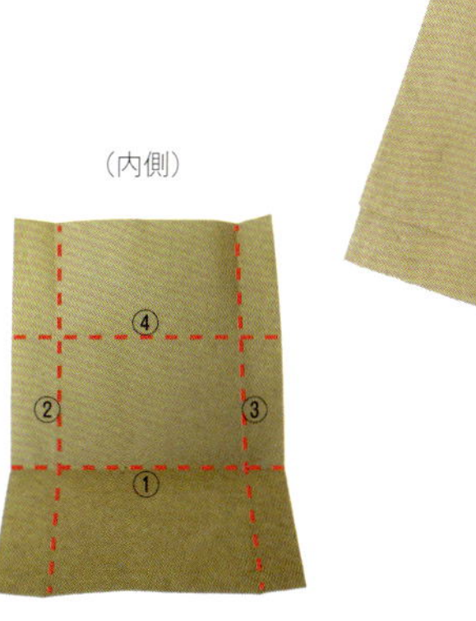

①～④の順番に折り目に沿って折りたたむ

通し番号をつけておくとよい

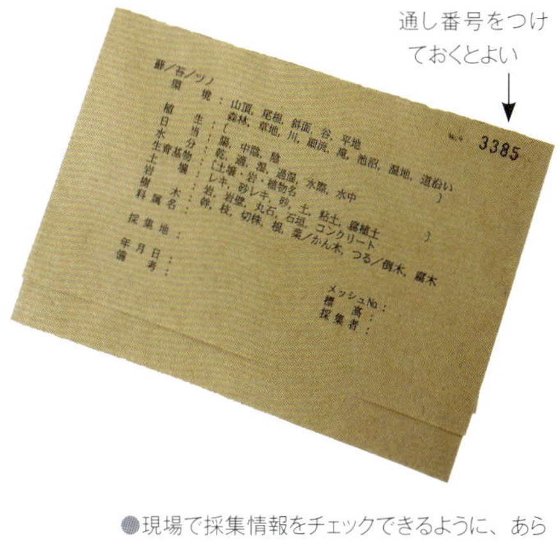

蘚/苔/ツノ
環　境：山頂、尾根、斜面、谷、平地
森林、草地、川、細流、滝、池沼、湿地、道沿い
植　生：〔　　〕
日　当：陽、中陰、陰
水　分：乾、適、湿、過湿、水際、水中
生育基物：〔土壌・岩・植物名　　〕
土　壌：レキ、砂レキ、砂、土、粘土、腐植土
岩　：岩、岩壁、丸石、石垣、コンクリート
樹　木：幹、枝、切株、根、葉/かん木、つる/倒木、腐木
科属名：
採集地：
年月日：
備　考：
No 3385
メッシュNo：
標　高：
採集者：

- 現場で採集情報をチェックできるように、あらかじめ、必要な項目をプリントしておく
- 水に濡れても破れにくいクラフト紙がよい
- 採集袋は持ち歩くので軽くて薄い紙が適しており、標本袋は採集袋より丈夫な紙を使う

めくるめく顕微鏡観察

色と形を楽しみたい!

顕微鏡を使うと、くっきりと美しい細胞を観察できるコケ。多様で多彩、奥深い世界を堪能しよう。

鵜沢美穂子・文と写真

コケの葉　小さいけれど複雑な形

シダレヤスデゴケ。茎葉状のタイ類は、腹側（基物に接している側）から見るのがポイント。茎に沿って並ぶ腹葉や、背葉の腹片などを観察しよう。シダレヤスデゴケの腹片は、縦に長いコック帽のような形をしている。肉眼で見たときにはわからない奇妙な形に驚くことも多いかもしれない

シロコオイゴケ。茎葉状のタイ類には、稀に葉に「ビッタ」と呼ばれるすじを持つものがある。セン類の中肋（ちゅうろく）に似ているが、多細胞層にはならない。シロオコイゴケは、植物体全体に光沢があり、白いビッタを持つのが特徴である

テガタゴケ。茎葉状のタイ類の葉は、大きな切れ込みが入ることが多い。これはセン類には見られない特徴である。テガタゴケの葉はさらに各裂片の縁に長い毛があり、複雑な形をしている

タカネシゲリゴケ。触角のように長い突起があるのが面白い。腹片はヤスデゴケ類のように袋状にならず、単純に折りたたまれたようになっている

マルバハネゴケ。葉の縁に大きな鋸歯（ギザギザ）がある

コケの種の識別には、顕微鏡観察が欠かせない。肉眼やルーペで見ただけで種がわかるものもあるが、それはほんのわずか。例えば、非常に近縁なトヤマシノブゴケとヒメシノブゴケを識別するためには、顕微鏡で細胞を観察し、表面にある突起が金平糖状なのか牙状なのかを見分けなければいけない。コケの図鑑を開くと顕微鏡で見なければわからない形態の専門用語ばかりで、はじめての人はクラクラしてしまうかもしれない。

しかし、そんな難しい話は抜きにして、コケの顕微鏡観察は単純に楽しい。多くのコケの葉はとても薄く、一層の細胞からできているので、葉を1枚スライドグラスに乗せただけで簡単に細胞を観察することができる。種によって葉や細胞の形はさまざまで、ときには美しい色をもつ油体（ゆたい）（タイ類の細胞のなかにある構造物）や奇妙な形をした無性芽などに出会うこともできる。

肉眼ではどれも同じように見えるコケも、顕微鏡でのぞくとたちまち個性溢れる別の顔を見せてくれる。コケの真の美しさ、面白さを知るために、臆せず顕微鏡観察にチャレンジしていただきたい。

コゴメゴケ。葉はとても小さく、中肋は葉の半ばで消える

コメバキヌゴケ。葉頂が長く伸びる

ラセンゴケ。中肋の上半部がうねる

ヘラハネジレゴケ。葉先に長い透明尖がある

カモジゴケ。葉は細長く、鎌のように曲がる

コフサゴケ。葉は丸く、葉先が急にとがる

アカイチイゴケ。葉は成長すると赤く色づく

ハイゴケ。葉先がカールする

ヒメタチゴケ（深瀬洋・撮影）鋭い鋸歯があり、薄板が中肋の部分だけにある

ヒメスギゴケ（深瀬洋・撮影）薄板が葉の表面全体にある

※〔薄板〕スギゴケ科の葉の表面などに縦に並んでいる板状の構造

イワマセンボンゴケ。葉先は丸く、へらのような形になる

セン類の葉とタイ類の葉

右ページにタイ類、左ページにセン類の葉をまとめた。タイ類の葉は大きな切れ込みが入ることが多く、腹片とよばれる折り返し部分をもつ種がしばしば見られるのが特徴である。コケを同定する際には葉の形が大きなポイントとなるが、セン類の場合は特に、葉の中央にあるすじ（中肋）の数や長さが重要になる。なお、セン類の葉はすべて倍率を統一した。葉のサイズが種によって大きく異なることがわかる。

コケの胞子

表面の突起や色に注目！

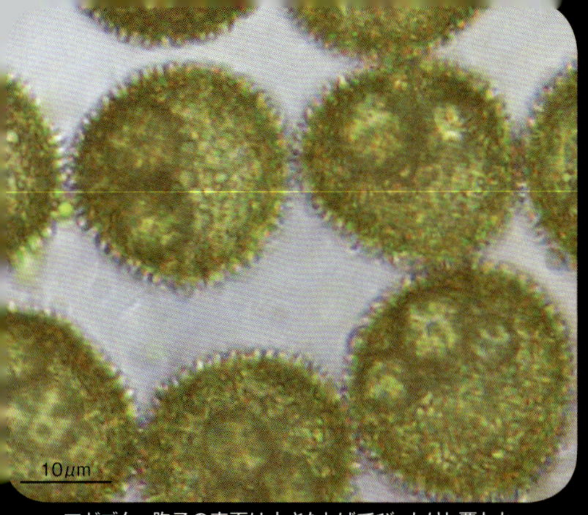

アゼゴケ。胞子の表面は小さなとげでびっしりと覆われる。セン類の胞子はタイ類やツノゴケ類よりも小さいことが多い

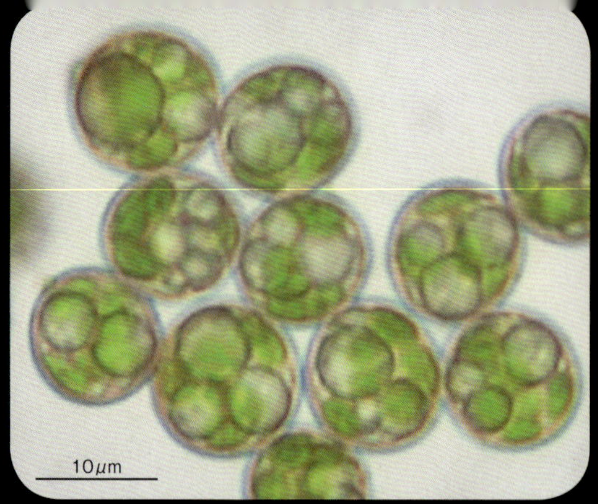

コヨツバゴケ。コケの胞子は緑色のものが多い。これは胞子が葉緑体をもち、その色が透けて見えるからである

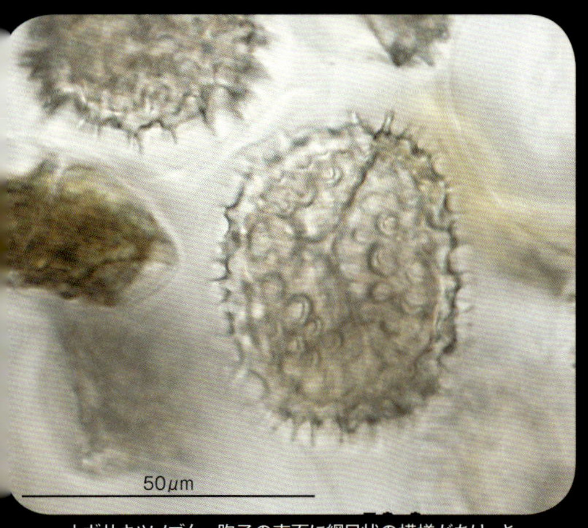

ナガサキツノゴケ。胞子の表面に網目状の模様があり、さらに、大きなＹ字型の溝がある。この溝は胞子母細胞が減数分裂をした後に、胞子が4分子としてくっついていたときの名残である

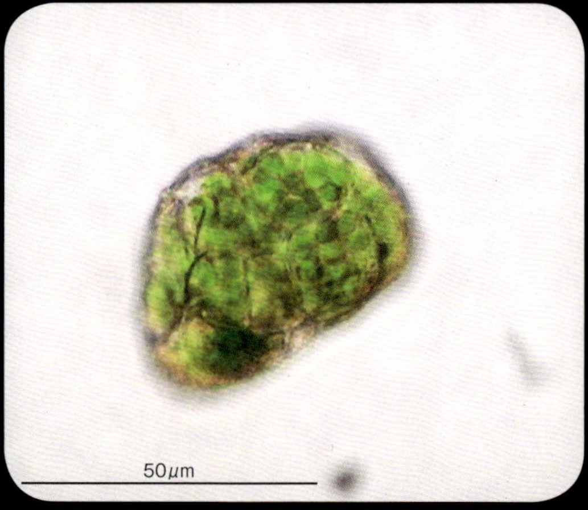

オオミゴケ。コケの胞子は普通1つの細胞からなるが、稀に多細胞の胞子をもつ種もある。オオミゴケの胞子は多細胞で大きく、直径50μm以上になる

ツチノウエノコゴケ。胞子は赤みがかり、サイズは10～15μm程度と小さい。胞子のサイズは種によって異なり、10μm弱のものから、大きいものでは200μmを超えることもある

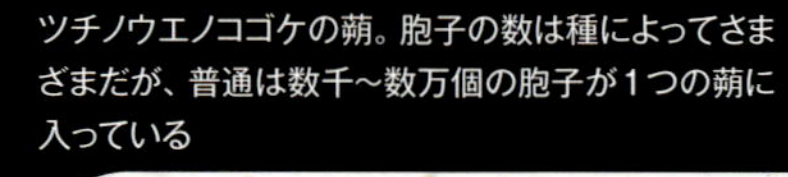

ツチノウエノコゴケの蒴。胞子の数は種によってさまざまだが、普通は数千～数万個の胞子が1つの蒴に入っている

コケの弾糸

規則正しいらせん構造

シダレゴヘイゴケ。ヤスデゴケ科やクサリゴケ科の種では、弾糸の端が蒴の内壁に接着していることが多い。このような蒴が裂開するときは、弾糸がブラシのようになかの胞子を掻き出す様子が観察できる

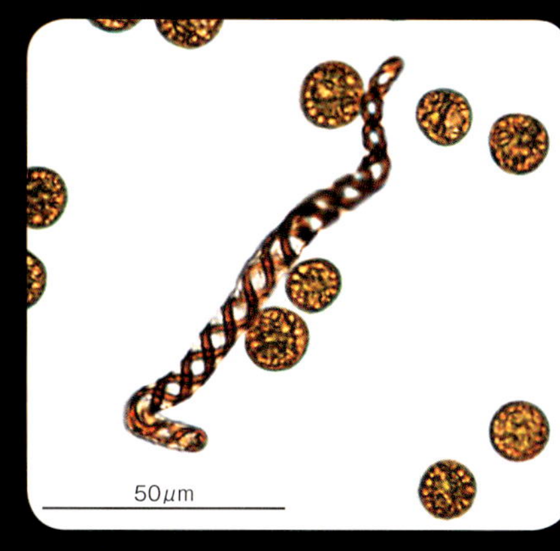

トサカゴケ。弾糸にはらせん状の肥厚があり、乾くとバネのように伸びて胞子をはじき飛ばす。トサカゴケの弾糸は真っ赤で、比較的短い

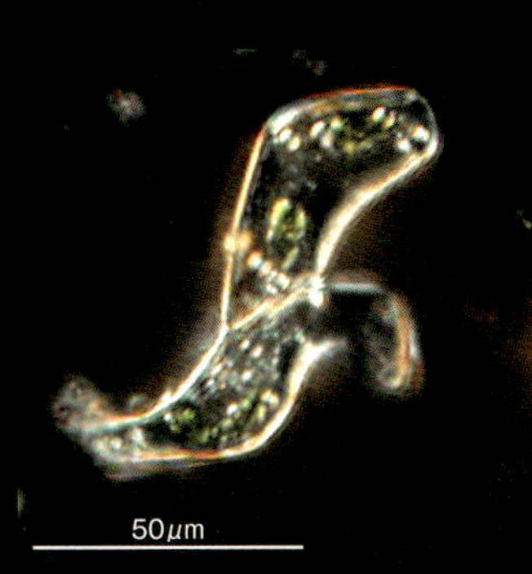

ニワツノゴケ。弾糸は2～4細胞からなり、らせん状の肥厚は見られない。このような、ツノゴケ類に多く見られる不規則な形の弾糸を偽弾糸とよぶこともある

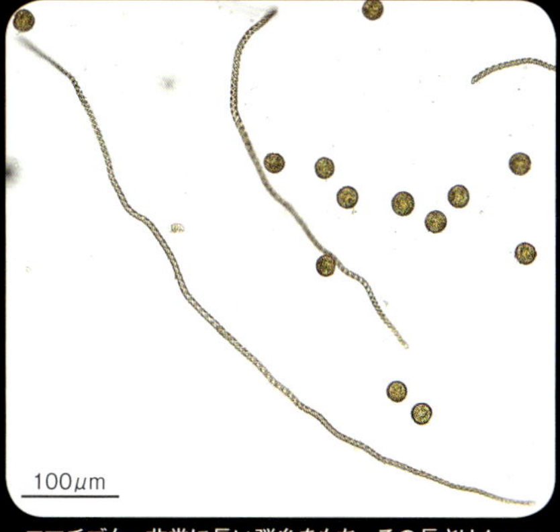

コマチゴケ。非常に長い弾糸をもち、その長さは1mm近くに達することがある

無性芽

種類によって形はさまざま

ヒメクサリゴケ。大きな円盤状の無性芽を葉の表面につける。サイズは100μm前後で、無性芽のなかでは比較的大きい

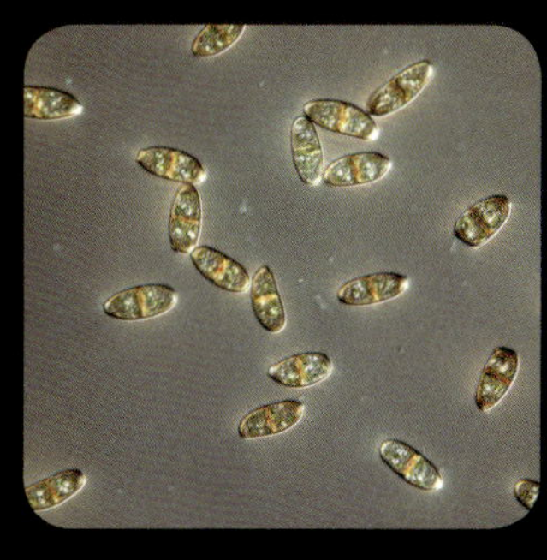

アミバゴケ属の1種。茎の先端にたくさんの無性芽を付けていた。無性芽は楕円形で、2細胞からなる

アカイチイゴケ。茎と葉の間にたくさんの細長い無性芽をつける。細胞の列がねじれていて、おしぼりを絞ったような形をしている

ホソイチョウゴケ。無性芽は1～2細胞からなり、不規則に角張っている。緑色の無性芽のなかにときおり赤みがかったものが混じり、宝石のような美しさがあった

コケの細胞

美しく精緻なつくり

ヒメツリガネゴケ（セン類）。セン類の細胞の形は、円形、矩形（長方形）、線形など、種によってさまざまである。ヒメツリガネゴケは矩形～六角形の細胞を持つ。細胞のなかの緑の粒は葉緑体である

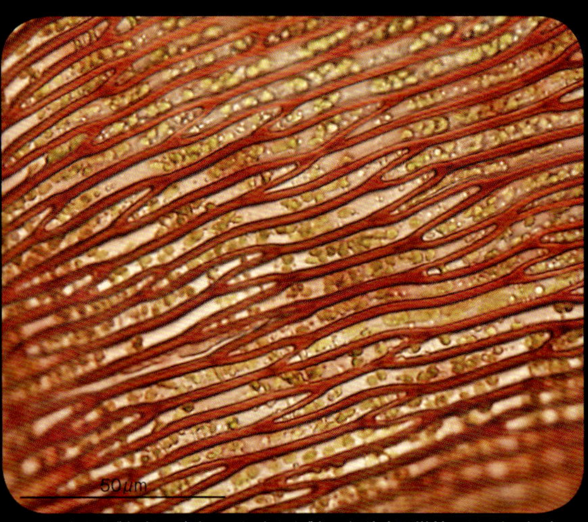

アカイチイゴケ（セン類）。アカイチイゴケの細胞を顕微鏡で見ると、細胞壁が特に赤く染まっていることがわかる。細胞の形は細長いが、このように細長い細胞は匍匐性のセン類に多く見られる

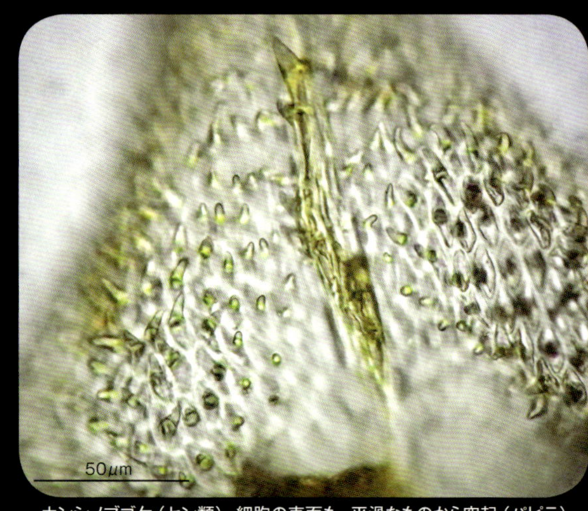

ホンシノブゴケ（セン類）。細胞の表面も、平滑なものから突起（パピラ）があるものまでさまざま。シノブゴケ科の種は細胞の表面にパピラがある種が多く、ホンシノブゴケでは、とがった牙のようなパピラがある

キノボリツノゴケ（ツノゴケ類）。ツノゴケ類の細胞は、葉緑体が細胞当たり1～3個と少ないのが特徴である。細胞を埋め尽くしている緑色の部分は1個の大きな葉緑体で、中央にはピレノイドと呼ばれる小さな粒がある

イワイトゴケ（セン類）。細胞表面のパピラの数や大きさは種によってさまざま。イワイトゴケには1細胞当たり複数のパピラがあり、細胞が金平糖のように見える

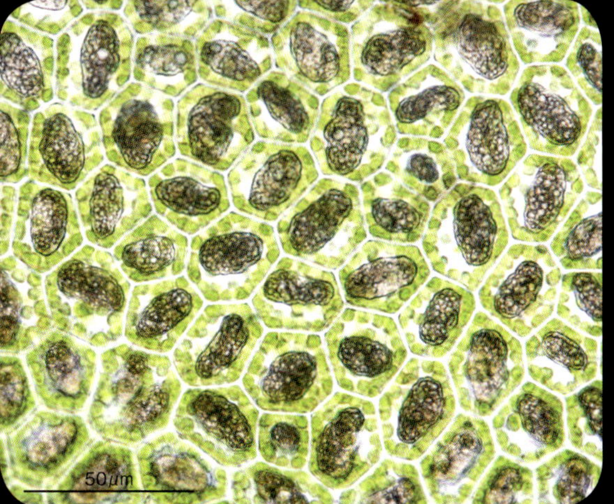

ヤマトケビラゴケ（タイ類）。ケビラゴケ属の細胞は油体が非常に大きいのが特徴で、普通各細胞に1個ずつある。これは小さな粒の集合体で、色が濃く、とても目立つ

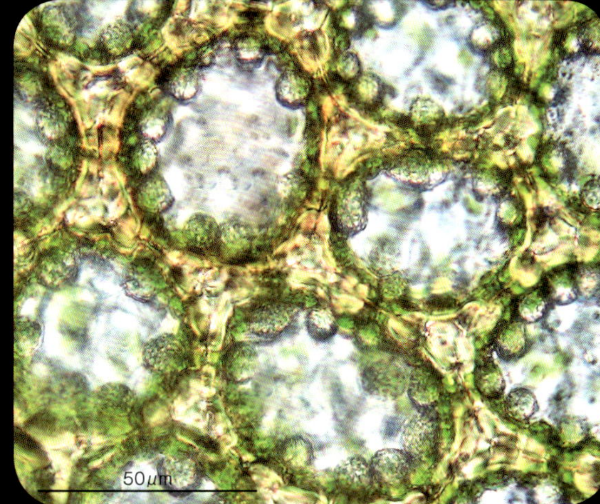

カタウロコゴケ（タイ類）。タイ類の細胞は細胞壁の隅が肥厚することがあり、この肥厚部を「トリゴン」と呼ぶ。カタウロコゴケはトリゴンが顕著に発達する種のひとつである

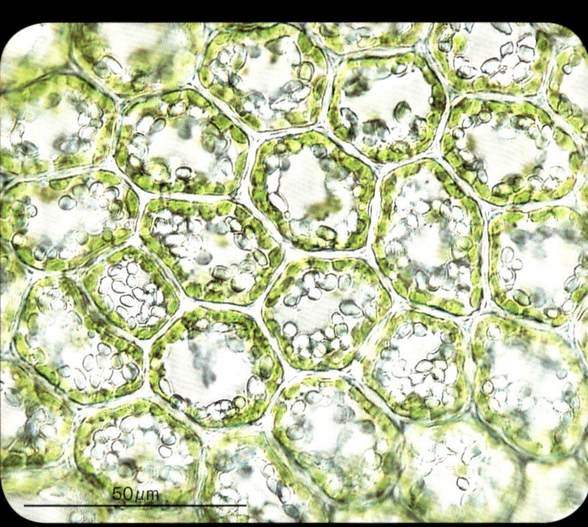

ヤマトコミミゴケ（タイ類）。油体は小さく、米粒のような形をしている。各細胞に数十個あり、顕微鏡下でキラキラと光っていた

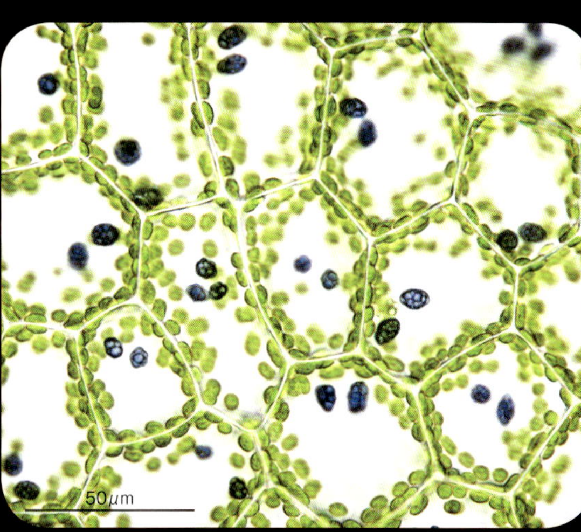

ホラゴケモドキ（タイ類）。タイ類の細胞には油体とよばれる膜に包まれた構造物があり、これは全植物のなかでタイ類だけがもつ特殊なものである。ホラゴケモドキの油体は鮮やかな青色で、ブドウの房のような形をしている

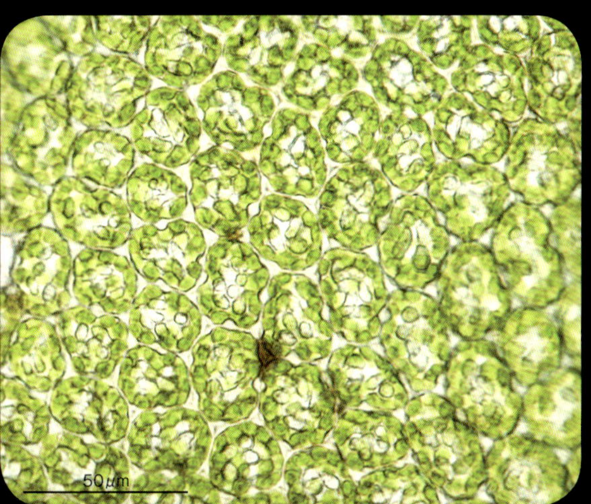

カラヤスデゴケ（タイ類）。カタウロコゴケは細胞壁が細胞の隅で肥厚するが、カラヤスデゴケは細胞の中間で肥厚する。これによって、細胞がいびつな形に見える

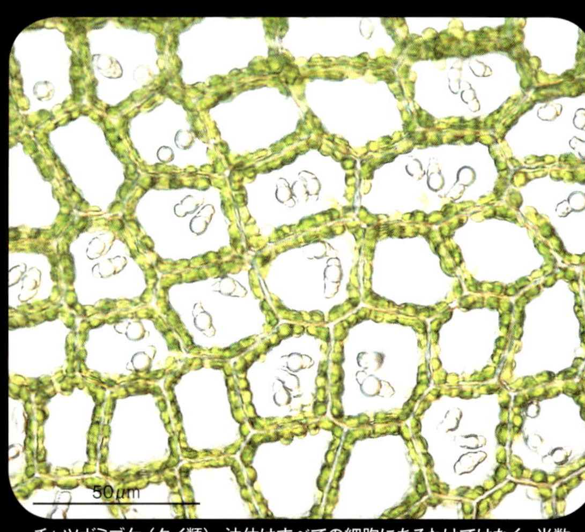

チャツボミゴケ（タイ類）。油体はすべての細胞にあるわけではなく、半数くらいの細胞にある。油体の中央には眼点とよばれる膨らみがあり、独特な形をしている

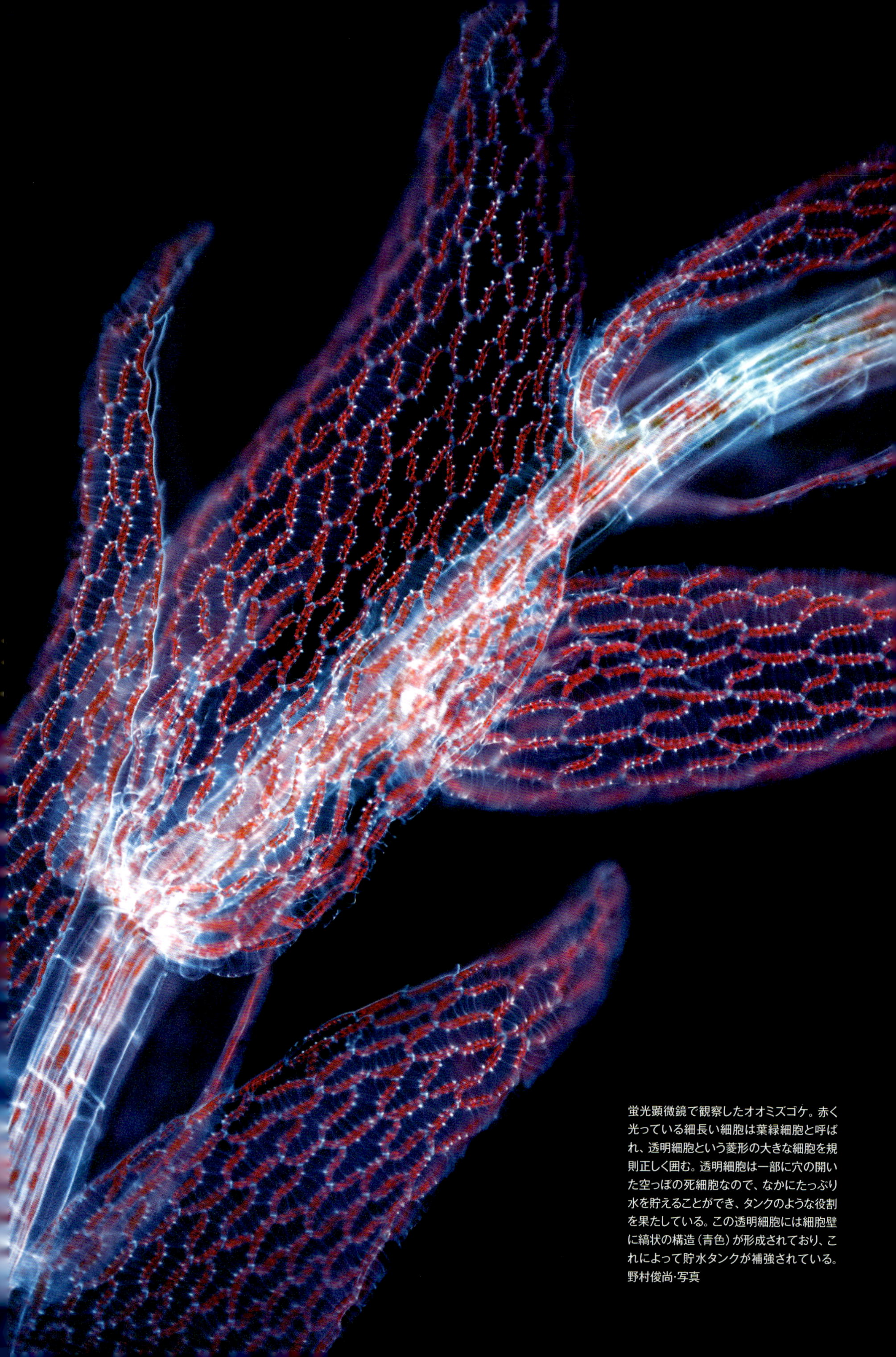

蛍光顕微鏡で観察したオオミズゴケ。赤く光っている細長い細胞は葉緑細胞と呼ばれ、透明細胞という菱形の大きな細胞を規則正しく囲む。透明細胞は一部に穴の開いた空っぽの死細胞なので、なかにたっぷり水を貯えることができ、タンクのような役割を果たしている。この透明細胞には細胞壁に縞状の構造（青色）が形成されており、これによって貯水タンクが補強されている。
野村俊尚・写真

ヒカリゴケはなぜ光る？

ある一定の角度から光が当たると、美しい輝きを見せるヒカリゴケ。効率よく光を利用する仕組みを紹介する。

樋口正信・文と写真

植物にとって光は生存に不可欠である。まったく光のない永続的な暗闇のなかでは植物は生きていけない。ただ、例外的に暗闇と言えるほどの弱光下で生育できる植物がある。ヒカリゴケである。

ヒカリゴケ（セン類・ヒカリゴケ科）は洞穴や岩の隙間に生育し、おそらく最も暗い場所に生えることのできる植物だろう。古くから不思議な存在であったようで、西洋ではGoblin's goldとかcat's eyesと呼ばれる。おそらく、暗闇で光るヒカリゴケを手につかんで明るい場所で見たら光るものがなくなっていた経験などから生まれた呼び名だろう。現在では、ヒカリゴケが光るのはホタルや夜光虫のように自分で光を出す発光ではなく、光の反射であり、エメラルドグリーンと称されるその光は、葉緑体で光合成に使われなかった光の一部であることがわかっている。

では、ヒカリゴケの体のどこが光るのだろうか。じつは茎と葉からなる本体は光らないのである。コケ植物では、胞子が発芽してできる糸状細胞列や細胞塊を原糸体と呼ぶが、弱光下で光を効率的に利用するためにヒカリゴケでは原糸体の細胞の一部が電球状になっている。凸レンズ状に膨らんだ細胞壁が集光し、反対側のつぼまった部分に集まった葉緑体に当てるのである。光合成に利用されなかった光は葉緑体を通過した後、反射し、来た方向へ戻る。これがヒカリゴケの光る仕組みである（図参照）。なお、その電球状の細胞は光の方向に対して垂直になるように立ち上がって平面上に並び、光がすべての細胞に当るようになっている。それはちょうど東北三大祭りの秋田の竿灯のようだ。ヒカリゴケは、地表を覆う原糸体が効率よく光を受ける仕組みをもつことで弱光下でも生存できるのである。

一方、原糸体の一部に芽ができ、それが発達してふだん目にしているコケの本体になるが、ヒカリゴケの本体はほかのセン類のそれとだいぶ異なっている。つまり、スギゴケに見られるように葉は茎にらせん状についているのが普通だが、ヒカリゴケでは葉は茎の両側に二列につき、さらに、隣り合う葉の基部が癒合し、全体として、うちわのように平面になっている。これも原糸体と同様に、洞窟などでは光の来る方向が一定しているので、本体もちょうど太陽電池パネルのように光合成を行う葉の細胞に効率よく光が当たるように工夫されている。

なおヒカリゴケは、国内では本州中部以北と北海道に分布しており、そのなかで長野県と埼玉県、東京都の3か所の生育地が国の天然記念物に指定されている。また、準絶滅危惧種にも指定されている。

ヒカリゴケ　本体と原糸体

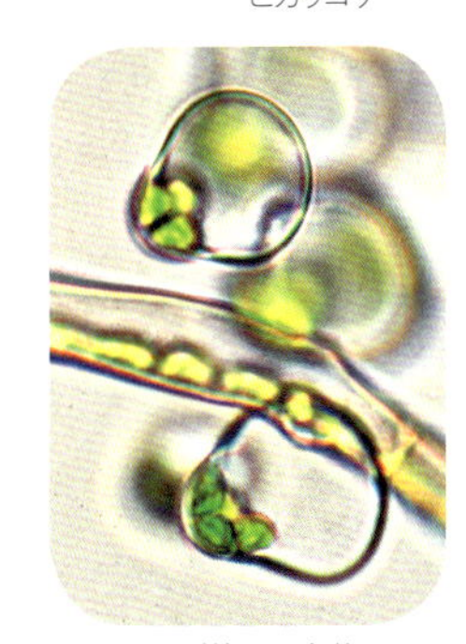

レンズ状の原糸体

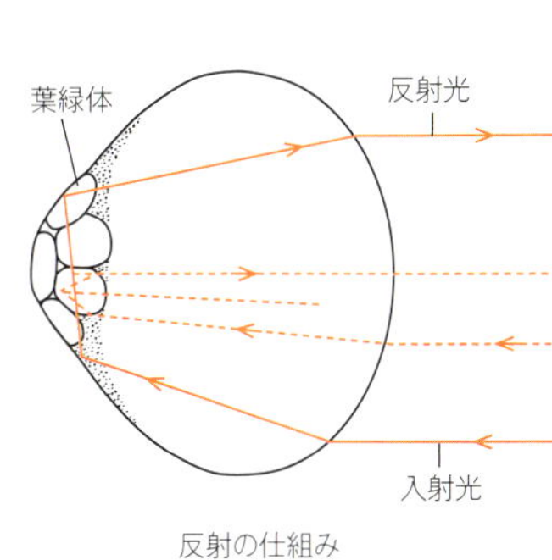

反射の仕組み

もっとコケを感じたい!

コケあそび

吉田有沙・文と写真

コケスタンプ

コケの様々な姿や形、特徴をよく見て、それぞれを組み合わせてオリジナルの模様を作ってみよう!

用意するもの

スタンプインク(布用がおすすめ)、好きなコケ(1種につき少量で十分)、爪楊枝、L字型ピンセット、ティッシュペーパー、水、スタンプをつける紙や布

手順

1. コケを軽く水に潜らせ、乾燥した葉を広げる。その後、ティッシュペーパーで水気をしっかりと取る。余計な水分があるとスタンプのにじみの原因になる

2. スタンプするもの(紙や布)にコケを仮置きして、場所や向きなどを確認する

3. ピンセットでコケをつまみ、しっかりとインクをつける。基本的に片面のみで十分だが、蒴柄や小さい葉など細かいコケは、両面につけるときれいに写すことができる

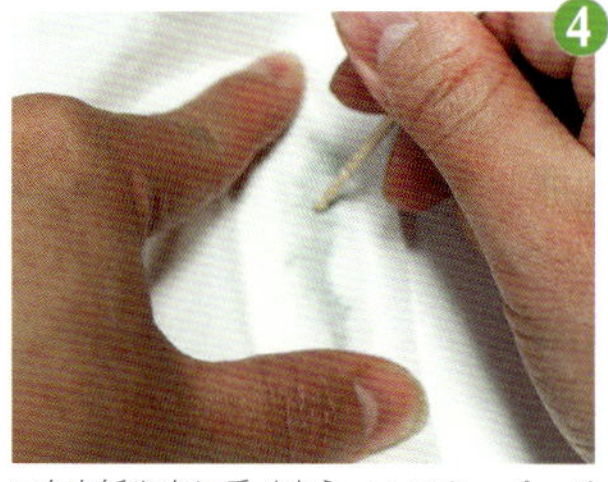

4. コケを紙や布に乗せたら、ティッシュペーパーで覆い余分なインクを吸い取りながら爪楊枝のとがってないほうで押しつける。ティッシュペーパーは折りたたまず、1枚で行うのがおすすめ。隅々までやさしく叩くのがポイント

5. まんべんなく押しつけたら、ティッシュペーパーを取り除き、そっと外す。使用後のコケは水できれいに洗い元の姿に。破棄せず、鉢植えで育てたり、その後も楽しみたい

取り外したティッシュペーパーにもきれいにコケが写し取られている

何色も重ねづけするのもおもしろい。下の写真は重ねづけをハイゴケで試したもの

布用インクを使うことで、手提げやTシャツ、ハンカチなどにも写すことができる

ポストカードに押したもの

ゼニゴケ雌器托、コツボゴケ、ナミガタタチゴケ、フタバネゼニゴケ

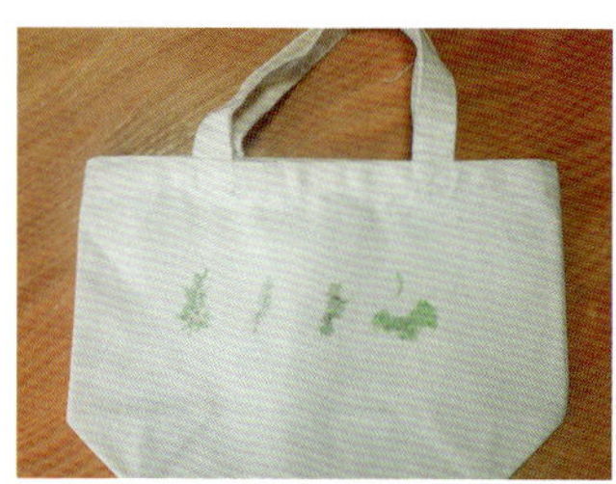

模様にせず、そのままの形を楽しんでも面白い

コケ染め

**繁殖力の強さゆえ邪魔者扱いされがちなゼニゴケやジャゴケ。
駆除薬も市販され、わざわざ除草されてしまうコケから色をいただいて身につけてみよう。**

用意するもの

豆乳、ホーロー鍋、ボウル、割り箸、すり鉢、すりこぎ棒、水切り袋（不織布かストッキングネットタイプ）、コケ適量（ゼニゴケやジャゴケ、ヒメジャゴケがおすすめ）、染めるもの（絹、羊毛、木綿の素材のもの）、媒染剤（ミョウバン、銅、鉄、草木灰など）

手順

1. コケをきれいに水洗いして汚れや土を取り除いておく。枯れた植物体も除く

2. すり鉢でピューレ状になるまで十分にすり潰す

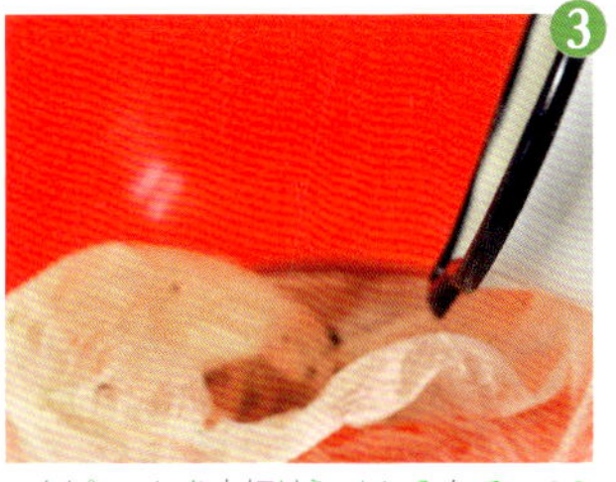

3. コケピューレを水切りネットに入れる。このときに出る水分も後で使うので取っておく

4. ピューレの入ったネットとともに、すりつぶした際に出た水分を鍋に入れる。全体の2倍程度になるまで水を足しコケ染液をつくる

5. 染める糸や布などを入れ、箸でよく動かしながら沸騰させる。沸騰後、5～10分程度弱火で引き続き箸で泳がせながら煮込んだ後、1～2時間浸したまま自然冷却する

6. 冷めたら布などを取り出し、水で薄めた各媒染液に浸す。20分ほど浸したら水で洗う

7. 再びコケ染液に浸して煮沸後、水洗いをして干す。これを数回くり返す

- 鍋やボウル、すり鉢などは、調理用とは分けましょう。
- 木綿のものを染める場合は、まず最初に豆乳に20分ほどよく浸し、脱水後干して乾かす。
- コケは写真の量でタオルマフラーが染まるくらいの量。アクセサリーを数個くらいなら大さじ1、2程度で十分染まる。採集の際は、私有地や保護地区などを避け、採集可能か注意すること。大きなものを染めるために量が必要な場合は購入して入手するのもおすすめ。

媒染液の違いや濃さ、季節や生育環境などによっても染まる色合いは変わる。ゼニゴケは初夏から初秋くらいまでの植物体がおすすめ

真っ白な木綿のレース（一番左）をジャゴケで染めた

綿のタオルマフラー（ゼニゴケの銅媒染）柳茶や若葉色のような薄黄緑色に染まった

ヒメジャゴケで染めた羊毛の毛糸と木綿のレース

白い絹糸でタッセルを作りゼニゴケで染めたもの。左より銅、ミョウバン、灰汁媒染

楽しむコケインテリア

園芸店や陶器市、雑貨屋などで人気のコケインテリア。購入することもできるが、自分で作って楽しむ方法もある。手軽にチャレンジしてみたい。

ガラス越しに毎日観察！

コケのテラリウム

鵜沢美穂子・文と写真

テラリウムとは、ガラスの容器のなかで動植物を育てる手法のこと。湿度が高い場所を好む種が多いコケは、テラリウムで比較的簡単に栽培することができる。

手順

1 ビンの蓋の内側に小さな入れものを置く（今回は軽石に穴をあけたもの）

2 入れもののなかにコケを植える（ピンセットを使うとやりやすい）

3 お好みで飾り付けをする（名札を立てるとミニ植物園に！）

4 コケが乾いているときは、霧吹き等で水を少々加える

5 ビンの本体をゆっくりかぶせる

6 蓋を閉めたら、出来上がり！

用意するもの

ピンセット、コケを入れる小さな入れもの（ペットボトルの蓋などでもよい）、好きなコケを数種類、ガラスビン（ジャム瓶など）

ワンポイントアドバイス

最適な湿度とは？

ビンの内側が曇らず、コケの葉がきれいに開いた状態がちょうどよい湿度。作ってから2～3日は、ビンの蓋をゆるめたり、水を足したりして湿度を調節し、ちょうどよいところでふたをしっかりと閉めよう。コケは光合成で自ら発生させた酸素だけで生きていけるので、ビンは密閉したままで問題ない。

置き場所

直射日光の当たらない明るい場所が適している。コケは暑さに弱い種が多いので、夏場に気温が上がりすぎる場所は避けたほうがよい。

どのくらい保つの？

作ってから少なくとも1～2か月は生き生きとした緑を保つことができる。条件がよければ新しい芽を出しながら1年以上生き続けることもある。なお、ハイポネックス等の液肥を少量入れると、より生育がよくなる。

眺めてよし、撫でてよし

コケ鉢

このは編集部・文と写真
塩津文洋植物研究所・協力

好きな器に土をいれ、コケで表面を覆ったコケ鉢を作ろう。日の当たる場所に置き、きちんと水やりをすれば、いつもそこには緑がある。ふわっとやさしいに手触りに癒されたい。

用意するもの

黒土と赤玉土（割合は1：4）、ホソバオキナゴケ、アルミワイヤー、園芸用鉢底ネット、花ばさみ、植木用の鉢、はし1本、バット

手順

［鉢の下準備］

1

ネットを鉢底の穴より大きいサイズにカットし、鉢底に敷く。これで土がもれるのを防ぐ

2

カットしてU字型に曲げたアルミワイヤーを通し、裏で折り曲げてネットを固定する。虫の侵入やシートのずれを防ぐ

［植栽］

3

鉢に、まず8分目まで赤玉土をいれ、その上に黒土を敷く

4

鉢よりひと回り広いサイズでコケをカットし、形を整える

5

鉢におさまるようにコケを載せる。はしを使って鉢の縁に入れ込んでいく。コケは乾くと縮むので、みっちりでも大丈夫

6

霧吹きで土や汚れを流し落とす。同時に水やりも兼ねる

ワンポイントアドバイス

できるだけ屋外に置いて日によく当てる（直射日光は避ける）。乾燥したら水をたっぷりやること。

ずっと長く楽しみたい

ヒメトクサのコケ玉

植物の根を土で丸く包みこみ、たっぷりのコケで覆ったコケ玉。ヒメトクサだけでなく、洋ランやシダ類、樹木など、お気に入りの植物を使うのもいい。自分で作った作品なら管理しやすく、何年も楽しめる。

用意するもの

ケト土と富士砂と赤玉土（割合は3:1:1）、固形肥料ひとつまみ（ここではマグァンプを使用）、ハイゴケ適量、植える植物（ここではヒメトクサを利用）、手芸用糸（緑色が目立たない。ポリエステル糸が切れにくくてよい）、花ばさみ、はし1本、バット

手順

1 はじめにケト土と富士砂を混ぜ、次に赤玉土、肥料の順に混ぜる

2 コケ玉に植える植物の根をほどきながら、土を6割ほど落とす

3 作った土を、根のなかに埋め込むようにつけていく。根を完全に土で覆うようにする。コケ玉のサイズはこのときの土の量で調節する。ケト土は粘土状なので、丸型以外にもさまざまな形に成形することができる

4 ハイゴケは膨らんでいるので、扱いやすいように平らにつぶしてシート状にする。こうすることでバラけにくくなる

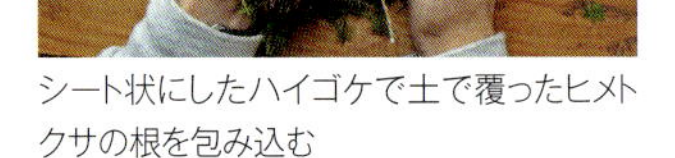

5 シート状にしたハイゴケで土で覆ったヒメトクサの根を包み込む

6 糸をしっかり巻き付けてコケを固定する。糸の端はコケに押し込んで処理する

7 出来上がったコケ玉を水のなかにドブンと5分ほど浸す。根までしっかり水が届くようにする

シンプルなコケ玉

植物を植えないコケだけのシンプルなコケ玉も作ることができる。この場合、植物は準備しない。1で土を混ぜ、土だけで丸く成形したら、4、5、6、7の行程となる。

ワンポイントアドバイス

できるだけ屋外に置いて日によく当てる（直射日光は避ける）。乾燥したら水にドボンと5分ほど浸して中心まで水を含ませる。植物の維持のために2年ごとに土（肥料入り）を新しいものに変えるが、コケはそのまま同じものを使い続けてもよい。

余ったコケを利用する

撒きゴケ

切れ端や余ったコケは捨てずにとっておこう。鉢に撒けば、増やすことができるからだ。たとえば梅雨時なら、撒いてから2週間ほどで、鉢いっぱいのコケを作ることができる。ここでは、失敗知らずの栽培方法を紹介する。

手順

1 鉢の下準備をする（p.91参照）

2

赤玉土を鉢の6分目まで入れる。その上に黒土をうっすら敷く

3

コケの茶色くなった部分をカットして取り除きながら、緑のコケを鉢にまんべんなく撒く

4

コケが全部隠れない程度にうっすら黒土をかける

5

やさしく水をかける

6

不織布で包んで保湿し、乾燥しないように、不織布の上からこまめに水をやる

7

3~6か月ほどで繁茂する

ワンポイントアドバイス

最低10℃はないとコケがうまく育たないため、撒く時期は3~7月、9~10月の間がよい。8月は暑くて不向き（地域によって調節してほしい）。できるだけ朝日によく当てること。
コケの栽培全般に言えることとして、コケが茶色くなっても捨てずに、水やりをし、様子を見ること。できるだけ屋外に置いて日によく当てる（直射日光は避ける）。

用意するもの

黒土と赤玉土（割合は1:4）、余ったコケ（ここではハイゴケ）、アルミワイヤー、園芸用鉢底ネット、花ばさみ、植木用の鉢、はし1本、バット

コケを育てていて困ったときの相談先
& 園芸・盆栽用のコケと植物の購入先

問 塩津丈洋植物研究所
http://syokubutsukenkyujo.com/
info@syokubutsukenkyujo.com
☎ 042-475-5381

本書に登場するコケで写真を掲載したものを五十音順に配列した。
太字のものは、「知っておきたいコケ100」に収録されている種類。

著者プロフィール（2017年現在）

秋山 弘之（あきやま・ひろゆき）
1956年大阪府枚方市生まれ。京都大学理学部卒業。同大学院理学研究科博士課程修了。理学博士。現在は兵庫県立大学准教授、兵庫県立人と自然の博物館主任研究員を兼務。専門はコケ植物の分類学。趣味は散歩とキノコ採集。

有川 智己（ありかわ・ともつぐ）
慶應義塾大学准教授。文系学生向けの生物学を担当。元・鳥取県立博物館主任学芸員。セン類の系統分類学が専門。

今田 弓女（いまだ・ゆめ）
京都大学大学院PD研究員。京都大学理学部、同大学院人間・環境学研究科を卒業、博士（人間・環境学）。専門は昆虫学。

伊村 智（いむら・さとし）
1960年栃木県宇都宮市生まれ。国立極地研究所教授。コケの繁殖生態学を専門とし、コケを追って南極に渡る。

鵜沢 美穂子（うざわ・みほこ）
1983年千葉県生まれ。ミュージアムパーク茨城県自然博物館副主任学芸員。企画展「こけティッシュ 苔ワールド」の企画および主任を担当。コケの魅力を引き出し伝えるため、日々励んでいる。

河井 大輔（かわい・だいすけ）
NPO法人奥入瀬自然観光資源研究会代表。ネイチャーガイド&ライター&フォトグラファー（自称）。編著書に『奥入瀬自然誌博物館』『北海道の森と湿原をあるく』『北海道野鳥図鑑』など。

田中 美穂（たなか・みほ）
1972年岡山県倉敷市生まれ。同市内の古本屋「蟲文庫」の店主。岡山コケの会、日本蘚苔類学会会員。著書に『苔とあるく』（WAVE出版）『ときめくコケ図鑑』（山と溪谷社）などがある。
「蟲文庫」 Web http://mushi-bunko-diary.seesaa.net

樋口 正信（ひぐち・まさのぶ）
1955年埼玉県生まれ。理学博士。国立科学博物館植物研究部長。東京大学大学院理学系研究科教授（併任）。専門はコケ植物の分類学。南極を除く5大陸20か国以上でコケの調査をする。

藤井 久子（ふじい・ひさこ）
編集ライター。岡山コケの会、日本蘚苔類学会会員。著書に『コケはともだち』（リトルモア）、『知りたい会いたい 特徴がよくわかる コケ図鑑』（家の光協会）。
Web http://blog.goo.ne.jp/bird0707

堀川 大樹（ほりかわ・だいき）
クマムシ博士。著書に『クマムシ博士の「最強生物」学講座』（新潮社）。人気キャラクター「クマムシさん」の生みの親でもある。
Web http://horikawad.hatenadiary.com

吉田 有沙（よしだ・ありさ）
岡山コケの会、日本蘚苔類学会会員。観察会の主催や「コケイロ」としてハンドメイド作品など色々なコケの魅力、楽しみ方を発信、活動している。
「コケイロ」 Web http://kokeiro.com

索引

自然界でくり広げられる"食べる"物語を紹介。定価1,200円+税

生き物たちの冬の生活をそっとのぞいてみよう。定価1,200円+税

生き物の不思議なデザインに秘められた役割を探る。定価1,200円+税

川の生き物を知ることは、川の健康状態を知ることだ。定価1,200円+税

紅葉はなぜ美しいか？　秋の生物と共に仕組みを解説。定価1,200円+税

小さな島国・日本で見られる冬鳥を徹底的にガイド。定価1,200円+税

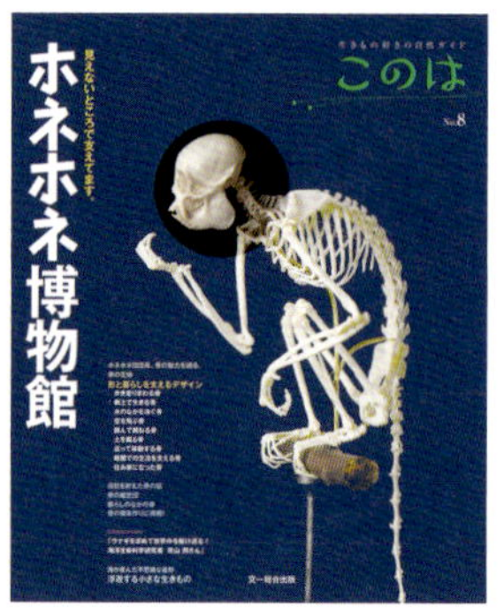

生き物の暮らしと骨格の関係から骨の魅力に迫ります。定価1,200円+税

日本と世界のフクロウ100種を生態写真で紹介。定価1,800円+税

光る生き物の魅力と生活、観察のコツを紹介する入門書。定価1,800円+税

きのこの基本から識別のポイントまで紹介した入門書。定価1,800円+税

いつも見かける道ばたの草花の名前がわかる一冊。定価1,800円+税

お申し込みは今すぐ電話かWebで！

☎ 03-3235-7341

Web www.bun-ichi.co.jp

※「このは」は全国の書店でお買い求めいただけます。

デジタル版『このは』(No.1～8) 1冊800円+税で好評発売中!!

お好きなときにお好きな場所でページを開くことができます。発売日よりパソコンをはじめ、iPhone／iPad、Androidで閲覧できます。最新号もバックナンバーも1冊丸ごと画面で読めます!ご購入はwww.fujisan.co.jp/あるいはhont.jp/（「ふじさん」「ほんと」で検索!）

著者
秋山 弘之／有川 智己／今田 弓女／伊村 智／鵜沢 美穂子／河井 大輔／田中 美穂／樋口 正信／藤井 久子／堀川 大樹／吉田 有沙

生きもの好きの自然ガイド「このは」No.7
みずみずしいコケたちに元気をもらう
新訂版 **コケに誘われコケ入門**

編集長
志水謙祐

編集
境野圭吾

デザイン
川村デザイン室 十
クレジットのないイラストレーションは川村 易が制作。

JCOPY
<(社)出版者著作権管理機構 委託出版物>
本書の無断複写は著作権法上での例外を除き禁じられています。複写される場合は、そのつど事前に、(社)出版者著作権管理機構（電話03-3513-6969、FAX 03-3513-6979、e-mail: info@jcopy.or.jp）の許諾を得てください。また本書を代行業者等の第三者に依頼してスキャンやデジタル化することは、たとえ個人や家庭内の利用であっても一切認められておりません。

2017年9月15日　初版第1刷発行

発行所　株式会社 文一総合出版
〒162-0812 東京都新宿区西五軒町2-5 川上ビル
編集部　tel.03-3235-7342
営業部　tel.03-3235-7341　fax.03-3269-1402
発行人　斉藤 博
印　刷　奥村印刷株式会社

本誌掲載の記事、写真、イラストの無断転載を禁じます。

ISBN978-4-8299-7392-9
NDC:475　96ページ　B5判（182mm×257mm）
Printed in Japan

©Bun-ichi So-go Shuppan 2017